"十四五"国家重点出版物出版规划项目
青少年科学素养提升出版工程

中国青少年科学教育丛书
总主编　郭传杰　周德进

生命密码的世界

向梦丹　张莉俊　王生位 主编

U0332424

浙江教育出版社·杭州

图书在版编目（ＣＩＰ）数据

生命密码的世界 / 向梦丹，张莉俊，王生位主编
. -- 杭州 ：浙江教育出版社，2022.10（2024.5 重印）
（中国青少年科学教育丛书）
ISBN 978-7-5722-3230-5

Ⅰ．①生… Ⅱ．①向… ②张… ③王… Ⅲ．①遗传学
－青少年读物②基因－青少年读物 Ⅳ．①Q3-49
②Q78-49

中国版本图书馆CIP数据核字(2022)第045409号

中国青少年科学教育丛书
生命密码的世界
ZHONGGUO QINGSHAONIAN KEXUE JIAOYU CONGSHU
SHENGMING MIMA DE SHIJIE

向梦丹　张莉俊　王生位　主编

策　　划	周　俊	责任校对	高露露
责任编辑	傅　越　姚　璐	营销编辑	滕建红
责任印务	曹雨辰	美术编辑	韩　波
封面设计	刘亦璇		

出版发行　浙江教育出版社（杭州市环城北路177号 电话：0571-88909724）
图文制作　杭州兴邦电子印务有限公司
印　　刷　杭州富春印务有限公司
开　　本　710mm×1000mm　　1/16
印　　张　9.75
字　　数　195 000
版　　次　2022年10月第1版
印　　次　2024年5月第3次印刷
标准书号　ISBN 978-7-5722-3230-5
定　　价　38.00元

中国青少年科学教育丛书
编委会

总序

高度重视科学教育，已成为当今社会发展的一大时代特征。对于把建成世界科技强国确定为 21 世纪中叶伟大目标的我国来说，大力加强科学教育，更是必然选择。

科学教育本身即是时代的产物。早在 19 世纪中叶，自然科学较完整的学科体系刚刚建立，科学刚刚度过摇篮时期，英国著名博物学家、教育家赫胥黎就写过一本著作《科学与教育》。与其同时代的哲学家斯宾塞也论述过科学教育的重要价值，他认为科学学习过程能够促进孩子的个人认知水平发展，提升其记忆力、理解力和综合分析能力。

严格来说，科学教育如何定义，并无统一说法。我认为科学教育的本质并不等同于社会上常说的学科教育、科技教育、科普教育，不等同于科学与教育，也不是以培养科学家为目的的教育。究其内涵，科学教育一般包括四个递进的层面：科学的技能、知识、方法论及价值观。但是，这四个层面并非同等重要，方法论是科学教育的核心要素，科学的价值观是科学教育期望达到的最高层面，而知识和技能在科学教育中主要起到传播载体的功用，并非主要目的。科学教育的主要目的是提高未来公民的科学素养，而不仅仅是让他们成为某种技能人才或科学家。这类似于基础教育阶段的语文、体育课程，其目的是提升孩子的人文素养、体能素养，而不是期望学生未来都成为作家、专业运动员。对科学教育特质的认知和理解，在很大程度上决定着科学教育的方法和质量。

科学教育是国家未来科技竞争力的根基。当今时代，经历了五次科技革命之后，科学技术对人类的影响无处不在、空前深刻，科学的发展对教育的影响也越来越大。以色列历史学家赫拉利在《人类简史》里写道：在人类的历史上，我们从来没有经历过今天这样的窘境——我们不清楚如今应该教给孩子什么知识，能帮助他们在二三十年后应对那时候的生活和工作。我们唯一可以做的事情，就是教会他们如何学习，如何创造新的知识。

在科学教育方面，美国在20世纪50年代就开始了布局。世纪之交以来，为应对科技革命的重大挑战，西方国家纷纷出台国家长期规划，采取自上而下的政策措施直接干预科学教育，推动科学教育改革。德国、英国、西班牙等近20个西方国家，分别制定了促进本国科学教育发展的战略和计划，其中英国通过《1988 年教育改革法》，明确将科学、数学、英语并列为三大核心学科。

处在伟大复兴关键时期的中华民族，恰逢世界处于百年未有之大变局，全球化发展的大势正在遭受严重的干扰和破坏。我们必须用自己的原创，去实现从跟跑到并跑、领跑的历史性转变。要原创就得有敢于并善于原创的人才，当下我们在这方面与西方国家仍然有一段差距。有数据显示，我国高中生对所有科学科目的感兴趣程度都低于小学生和初中生，其中较小学生下降了 9.1%；在具体的科目上，尤以物理学科为甚，下降达 18.7%。2015 年，国际学生评估项目（PISA）测试数据显示，我国 15 岁学生期望从事理工科相关职业的比例为 16.8%，排全球第 68 位，科研意愿显著低于经济合作与发展组织（OECD）国家平均水平的 24.5%，更低于美国的 38.0%。若未来没有大批科技创新型人才，何谈到本世纪中叶建成世界科技强国！

从这个角度讲，加强青少年科学教育，就是对未来的最好投资。小学是科学兴趣、好奇心最浓厚的阶段，中学是高阶思维培养的黄金时期。中小学是学生个体创新素质养成的决定性阶段。要想 30 年后我国科技创新的大树枝繁叶茂，就必须扎扎实实地培育好当下的创新幼苗，做好基础教育阶段的科学教育工作。

发展科学教育，教育主管部门和学校应当负有责任，但不是全责。科学教育是有跨界特征的新事业，只靠教育家或科学家都做不好这件事。要把科学教育真正做起来并做好，必须依靠全社会的参与和体系化的布局，从战略规划、教育政策、资源配置、评价规范，到师资队伍、课程教材、基地建设等，形成完整的教育链，像打造共享经济那样，动员社会相关力量参与科学教育，跨界支援、协同合作。

正是秉持上述理念和态度，浙江教育出版社联手中国科学院科学传播局，组织国内科学家、科普作家以及重点中学的优秀教师团队，共同实施"青少年科学素养提升出版工程"。由科学家负责把握作品的科学性，中学教师负责把握作品同教学的相关性。作者团队在完成每部作品初稿后，均先在试点学校交由学生试读，再根据学生反馈，进一步修改、完善相关内容。

"青少年科学素养提升出版工程"以中小学生为读者对象，内容难度适中，拓展适度，满足学校课堂教学和学生课外阅读的双重需求，是介于中小学学科教材与科普读物之间的原创性科学教育读物。本出版工程基于大科学观编写，涵盖物理、化学、生物、地理、天文、数学、工程技术、科学史等领域，将科学方法、科学思想和科学精神融会于基础科学知识之中，旨在为青少年打开科学之窗，帮助青少年开阔知识视野，洞察科学内核，提升科学素养。

"青少年科学素养提升出版工程"由"中国青少年科学教育丛书"和"中国青少年科学探索丛书"构成。前者以小学生及初中生为主要读者群，兼及高中生，与教材的相关性比较高；后者以高中生为主要读者群，兼及初中生，内容强调探索性，更注重对学生科学探索精神的培养。

"青少年科学素养提升出版工程"的设计，可谓理念甚佳、用心良苦。但是，由于本出版工程具有一定的探索性质，且涉及跨界作者众多，因此实际质量与效果如何，还得由读者评判。衷心期待广大读者不吝指正，以期日臻完善。是为序。

2022 年 3 月

目录

第 1 章

神奇的生命

在美丽而神秘的地球上，种类繁多的生物以各自不同的生命形态存在，它们在地球的每一个角落落户安家、繁衍生息。这些多姿多彩的生物不仅包含着万千草木以及飞禽走兽，还有不易被发现的各种微生物。它们共同成就了一个生机勃勃、丰富多彩的自然世界，以自己的方式彰显着大自然的生命之美。

地球上之所以有如此多样的生命，是由于生命信息的不断传递和持续进化。为厘清地球生命之间的关系，科学家将地球上的生物进行了分类。在这些不同类别的生物中，我们可以窥见生命的神奇。

地球上的先锋生物

　　大约 35 亿年前，原核生物在地球上逐渐出现。尽管它们位于生物进化等级的最底层，没有细胞核，是最微小的单细胞生物，但是它们中的蓝细菌是地球上已知最古老的光合自养生物，是当之无愧的地球先锋生物。

　　原核生物结构简单，个体微小，细胞大小一般为 1 ～ 10 微米，细胞核没有被核膜包裹，裸露的 DNA 游离在细胞质中。虽然原核生物结构简单，但是为了在竞争激烈的环境中长久地活下去，它们练就了专属的技能，在细胞形态、生长发育、细胞结构、代谢功能和遗传变异上都有着巨大的多样性。科学家也根据原核生物多方面的差异，将其分为细菌、蓝细菌、放线菌、支原体、衣原体、螺旋体和立克次氏体七大类。正是有了这些多种多样的原核生物，地球上丰富的生命才有了无限可能。

地球有氧的"功臣"——蓝细菌

　　蓝细菌，又被称为蓝藻或蓝绿藻，在自然界中分布广泛，在各种水体、土壤中和部分生物体内外，甚至在岩石表面和其他恶劣环境（盐湖、荒漠和冰原等）中都可以找到它们的踪迹。蓝细菌种类繁多，目前全球已知的约有 2000 种。

　　蓝细菌是地球上最早出现的光合自养原核生物，其细胞中虽然不含叶绿体，但却含有叶绿素 a，能够进行光合作用并且释放出氧气。因此，蓝细菌也被认为是叶绿体的前身。蓝细菌在地球上的出现，使整个地球环境从无氧状态发展到有氧状态，为好氧生物的诞生和进化创造了条件。

图 1-1　显微镜下的蓝细菌

舍己为"人"——蓝细菌的共生行为

蓝细菌种类的多样性为地球生命体的进化和非生命体的产生创造了无限的可能。例如，一些蓝细菌可以附着在岩石上，加速岩石的风化，促进土壤的形成，为高等植物的进化提供了生长条件。岩石上常见的地衣，就是蓝细菌和真菌共生的复合体。地衣通过产生分泌物（主要是酸性物质）来获取岩石中的无机盐，同时也影响了岩石的结构，令石块解体，加上自然界的光、热、风等物理风化作用，岩石逐渐变成泥土。

图 1-2 　地衣

蓝细菌是自然界中的"劳模"，它在白天进行光合作用，在晚上还可以固氮。在长期的进化过程中，一些丝状蓝细菌类群逐渐进化出了固氮能力，还分别与真菌、苔藓植物、蕨类植物、裸子植物和被子植物、珊瑚甚至一些无脊椎动物的某些种属形成了共生的固氮体系。比如，一些苏铁的根部与蓝细菌等微生物共生形成了珊瑚状的根，蓝细菌在从苏铁中获取养分的同时，还通过固氮作用给其提供丰富的氮、磷等营养元素，促进了苏铁的生长，提高其抗性，为其适应不良环境提供帮助。

图1-3　苏铁

让人欢喜让人忧——蓝细菌的价值和负面影响

蓝细菌是有着极高利用价值的生物资源。比如其中的螺旋藻，得名于其外形如钟表发条，呈有规则的螺旋弯曲状。螺旋藻营养成分丰富，被联合国粮农组织誉为"人类未来最理想的食品"。螺旋藻富含高质量的蛋白质、类胡萝卜素、维生素，以及铁、碘、硒、锌等多种微量元素，是一种优质的天然食品。在非洲内陆国家乍得，当地居民很早就开始食用螺旋藻。除了食用价值，很多种蓝细菌还可以成为药物、饲料、生物能源，或被用于生态环境保护等领域。

图 1-4　螺旋藻

　　但是，一些生活在水环境中的蓝细菌也会给水生态环境带来负面影响，比如湖泊中常见的铜绿微囊藻、鱼腥藻等。在营养丰富的水体中，这些蓝细菌快速繁殖，在水面形成一层蓝绿色而有腥臭味的浮沫，被称为"水华"。大规模的蓝细菌暴发，会形成"绿潮"（和海洋中发生的"赤潮"对应）。水华和绿潮都会引起水质恶化，引发一系列环境问题，严重时会耗尽水中氧气而造成鱼类

图 1-5　绿潮

死亡。蓝细菌在局部水域的大量堆积会破坏水质，同时，还会产生各种各样的生物毒素，对人类及其他动物的健康与安全构成威胁。

　　像蓝细菌这样的原核生物在自然界中分布广泛，为我们带来一个虽看不见却五彩缤纷的微生物世界。它们重要的生态价值和生物资源价值，为地球生命的产生和进化提供了无限的可能。

微小而精巧的原生生物

　　生命的进化是永不停歇的，原核生物中的古菌和细菌也不是十足的"顽固派"。根据现有的研究来看，在大约 20 亿年前，原核生物可能突然"抱团"，"融合"成了异常巨大的原核生物，体内内褶的质膜逐渐包围了染色质，形成了最为原始的细胞核。真核生物的出现是生物演化史上的重要突破。从那时起直至距今 6 亿年前，地球上的生物几乎都是单细胞生物。其中一类具有细胞核的微生物的集合被称为原生生物。

　　原生生物是最简单的真核生物，它们全部生活在水中。虽然我们将原生生物分为藻类、原生动物类、原生菌类三大类，但是这些生物除了同样具有相对简单的结构以外，彼此之间并没有太多相似之处。目前已知的原生生物物种数超过 6 万，但是未知的种类却难以估量。尽管原生生物是真核生物中最微小、最简单的一类，但这类奇妙生物的精巧结构依然让人惊叹。

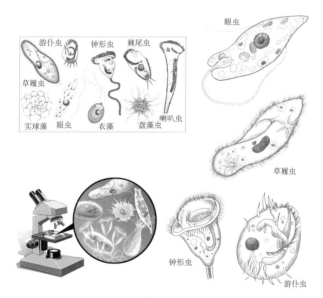

图 1-6　常见的原生生物

特殊的繁殖策略

　　由于细胞结构简单、生存环境特殊，众多的原生生物都通过无性生殖的方式延续种族，常见的方式有分裂生殖、出芽生殖等。

　　草履虫是一种圆筒形的单细胞原生动物，它的身体形状看上去像一只倒放的草鞋底，因而被叫做草履虫。在淡水池潭、沼泽或者小河中都很容易找到它。草履虫雌雄同体，在环境条件好、食物充足的情况下，它会进行无性生殖（分裂生殖）。其无性生殖方式为横二分裂，分裂时小核先进行有丝分裂，大核进行无丝分裂，接着虫体中部分裂，分成两个新个体，一般约 24 小时进行一次。但是，在缺乏食物或者环境恶劣的条件下，或是在无性生殖 20～30 代后，草履虫会进行一次有性生殖，这有利于恢复和加强其生活力。

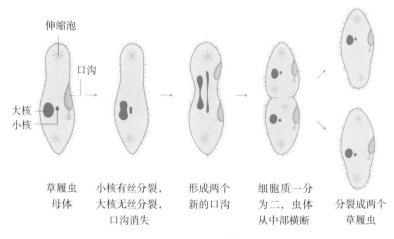

伸缩泡

口沟

大核
小核

| 草履虫
母体 | 小核有丝分裂，
大核无丝分裂，
口沟消失 | 形成两个
新的口沟 | 细胞质一分
为二，虫体
从中部横断 | 分裂成两个
草履虫 |

图 1-7 草履虫的无性生殖过程

水螅是一种腔肠动物，身体呈圆筒形，褐色，口周围有触手（捕食的工具），体内有一个空腔。水螅的繁殖方式一般也有两种：通常进行无性生殖，有时也进行有性生殖。水螅以出芽生殖的方式进行无性生殖。体下端三分之一处为出芽区，每个芽最初只能分出一个小水螅，后其足盘部封闭，与其母体脱离，形成一个新个体。在良好的环境下，水螅母体的出芽数目较多，一般有 6～7 个，最多达 18 个，众多的芽体在母体上大多呈螺旋状排列。多数水螅是雌雄同体，生殖能力很强，往往在形成卵巢或精巢的同时，仍能进行出芽生殖。

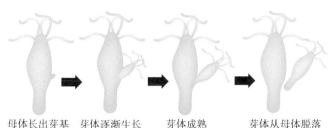

母体长出芽基　　芽体逐渐生长　　芽体成熟　　芽体从母体脱落

图 1-8　水螅的出芽生殖过程

生活随意的原生生物

原生生物虽然是一群最原始、最简单的真核生物，但不同的原生生物在形态、习性和生活史上有着较大的差异。原生生物间的界限比较模糊，有些原生生物的演化分支很明显地延伸到植物界、真菌界和动物界中。

几乎所有的原生生物都进行有氧呼吸，但其营养方式分为自养、异养和混合营养三种方式。例如眼虫，在植物学中被称为裸藻或者绿虫藻，因为其细胞质内含有叶绿体，在有光的条件下，可以进行光合作用，把二氧化碳和水合成糖类储存在细胞质中，并且可以释放氧气用于自身呼吸作用，而呼吸产生的二氧化碳又被用来进行光合作用，实现完全的自养。在无光的条件下，眼虫也可以开启异养的模式，通过体表吸收溶解于水中的有机物质和氧气。眼虫还具有趋光性，可以通过鞭毛移动，调整虫体运动。

眼虫这一类介于动物和植物之间的单细胞真核生物，是我们研究遗传变异、物种进化，特别是动植物亲缘关系的重要实验材料。

图 1-9　既像植物又像动物的眼虫

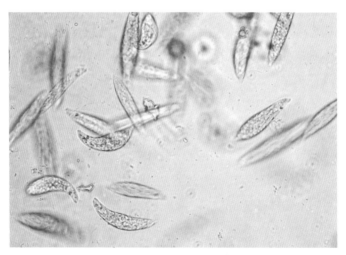

图 1-10　显微镜下的眼虫

原生生物都生活在水中，因此，单位水体体积的原生生物数量常被用作评估水体有机物污染、重金属排放等环境污染程度的生物指标。原生动物多以细菌和单细胞藻类为食，具有一定的净化水质的作用。

多数原生生物只有一个细胞，但就是这样一个微小的细胞，却蕴藏着诸多奥秘。原生生物只是真核生物出现的基础，真核生物神奇的进化之路才刚刚开启，还需要我们不断地探索揭秘。

链接

万种原生生物基因组计划

2019 年 12 月 30 日，中国科学院水生生物研究所等 6 家科研单位在武汉启动"万种原生生物基因组计划"，计划在 3 年时间内完成约 1 万种原生生物的基因组测序和分析。该计划的开展，将有助于我们理解生物多样性形成机制、多细胞生物有性生殖的起源与演化等生命科学重大基础问题，促进国家科技资源共享服务平台的信息互联互通，推动与生态环境保护、营养健康和疾病防治相关的原生生物种质资源的发掘与应用。

简约而不简单的真菌世界

　　要问世界上最大的生物是什么？相信大部分人都会说是生活在海洋里的蓝鲸。但是，直到近些年，科学家们才发现，世界上最大的生物竟然是一种"蘑菇"！蘑菇不是动物，也不是植物，属于真菌。然而，我们常常看到的其实只是蘑菇的"冰山一角"，其在地下还有着庞大而错综复杂的菌丝体，能够在地下延伸极远的距离。这样看来，说真菌是世界上最大的生物毫不为过。

图 1-11　各种各样的蘑菇

　　真菌的结构可以分为营养体结构和繁殖体结构，在真菌营养生长的阶段，由许多菌丝组成的菌丝体在寄生的基质上快速扩展蔓延，并在转入繁殖阶段后，形成各种繁殖体，即子实体。真菌的繁殖体包括无性生殖形成的无性孢子和有性生殖产生的有性孢子。

我们平常吃的蘑菇其实就是真菌的子实体，其重要的功能就是产生孢子。这种伞状的子实体下面常常会有放射状排列的菌褶，这就是孢子的藏身之地。一个蘑菇一天大概能产生 100 多万个孢子，而每个孢子都是一个潜在的真菌，小小的孢子里蕴含着构建真菌王国的无限潜力。

图 1-12 蘑菇的生命周期

蘑菇　　孢子　　　　　　　菌丝体

孢子萌发

真菌孢子传播的妙招

真菌在繁殖体时期会产生大量的孢子，可这只是它征程的开端，为了构建更大的真菌王国，这些孢子需要"走"得越远越好。孢子终将离开繁殖体，如何将孢子扩散出去成了一个有趣的问题。真菌不像植物那样可以通过开放鲜艳的花朵来吸引传粉者，也不会形成美味的果实来吸引动物食用而使孢子得到传播。但是，真菌是睿智的生物，它们在长期的适应性进化中，练成了自己的妙招。

第一招：御风而行。真菌的孢子非常轻，只需要一缕微风，它们便可乘风而去，四处飘散。而且，许多真菌的菌盖呈流线型，使得菌盖上下形成了气流差，真菌利用气流差可以将"小伞"下的孢子吸出去。

图 1-13　孢子随风扩散

第二招：借力发力。许多真菌的子实体会长成球形，如马勃、地星等，孢子就藏在球体中，球体顶端有一个小口。在有外力扰动时，比如下雨天来临，雨滴落在球状子实体表面时，因雨水的挤压，成千上万的孢子就会从裂口喷出，就像烟雾从烟囱中散发而出，它们来到空气中，乘风而去。

第三招：蓄势而发。一些真菌菌丝的顶端会长出球状囊泡，孢子囊长在囊泡的顶端，当囊泡内的液体不断地积蓄，达到囊泡壁承受压力的临界值时，里面的液体就会喷射而出，将孢子囊发射出去。

图 1-14 孢子被坠落的雨滴挤压，从马勃的菇体中喷出

图 1-15 水玉霉属真菌菌丝顶端的球状囊泡

第四招：致命诱惑。许多真菌通过散发出独特的气味，吸引苍蝇等昆虫，使孢子可以随着昆虫传播出去，比如常见的竹荪。另外，2019 年的一项研究发现，有一种真菌特别喜欢家蝇，它们可以侵入家蝇的神经系统，进而"控制"家蝇的行为，它们不仅可以消耗家蝇体内的营养物质，还会"引导"其爬到较高的位置，当真菌的孢子从家蝇体中喷出时，这些孢子就飘向了更远的地方，从而继续其生命循环的过程。

图 1-16 孢子"引导"家蝇爬到较高的位置

真菌虽美味，误食可致命

"鲜"是可食用真菌（食用蘑菇）长期称霸人类餐桌的立足之本，就连古人也曾发出"肌理玉洁，芳香韵味，一发釜鬲，闻于百步"的赞美之词。食用蘑菇"鲜"的奥秘主要在于它拥有丰富的氨基酸，比如谷氨酸钠，即味精的主要成分。

蘑菇鲜美可口，但不是每种蘑菇都可以食用。在我国，已知的食用菌有350多种，常见的有香菇、木耳、银耳、猴头、竹荪、灵芝、虫草、牛肝菌等。"山珍"虽美味，但也可能暗藏危险。一些野生的毒蘑菇与可食用蘑菇外形相似，仅根据其形态、气味、颜色等外部特征难以辨别，人们极易误食而引起中毒。而且在野外，无毒的蘑菇往往与有毒的蘑菇混生，无毒蘑菇也很容易受到毒蘑菇菌丝的污染，所以即便我们食用的蘑菇是无毒品种，也仍然会有中毒的危险。每年都有大量关于误食毒蘑菇导致中毒的报道。为了避免误食毒蘑菇，最好的办法就是不采摘、不购买、不食用野生蘑菇。

真菌是地球上迷人而又神秘的存在，从深海沉积物、火山口到南极干谷，几乎所有环境中都有它们的身影。如果地球上没有了菌类，生态系统也许会彻底瘫痪。真菌就像森林里的清洁工，在全球生态系统中，它们通过分解有机物，为植物提供养料和水分。不过直到今天，我们对真菌的多样性和价值的了解仍太过浅显。英国皇家植物园邱园（Kew Garden）在 2018 年发布的首份《世界真菌现状报告》中指出，全球约有 93% 的真菌仍有待发现和命名，当前的研究不足以反映真菌对生态和社会的重要性，人类对真菌的进一步认识和保护迫在眉睫。

图 1-17 不采摘、不购买、不食用野生蘑菇

所有的植物都会开花吗？

自古以来，植物总是频繁地出现在诗人们的笔下，而其中描述植物花美、花香、花色的诗句更是不胜枚举，例如"接天莲叶无穷碧，映日荷花别样红""梅须逊雪三分白，雪却输梅一段香"等。花给予了诗人无限的遐想，也给予了人们生活的浪漫。但是，植物开花就只是为了让人们欣赏吗？植物为什么要开花？所有的植物都会开花吗？

花——被子植物的专利

开花是被子植物的特权，这也是被子植物被称为"开花植物"的原因。根据构造状况，花可以被分为完全花和不完全花两类。花萼、花冠、雄蕊、雌蕊四部分俱全的花被称为完全花，比如桃花、荷花等，而缺少了其中的一个或者几个部分的，叫不完全花，比如只有雄蕊或者雌蕊的单性花。

花的每个结构都具有重要的作用。花柄是连接花和茎的通道，输送花所需要的养分。花托是花柄顶端略膨大的部分，像托盘一样支持着花朵。花被由花萼和花冠组成，花萼是花最外轮的变态叶，它们很坚硬，能够保护幼花健康成长；花冠位于花萼的上方或内部，颜色及形态多样，不仅可以吸引昆虫进行传粉，还可以保护雄蕊和雌蕊。花开放后，雄蕊花药里的花粉散落出来落到雌

蕊柱头上，并萌发出花粉管。花粉管从柱头进入胚珠后释放出的
两个精细胞，一个与卵细胞融合成为受精卵，另一个与极核融合
成为受精极核，这种受精方式被称为双受精，是被子植物特有的
受精现象。

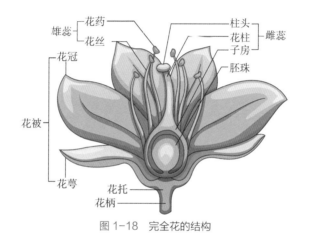

图 1-18　完全花的结构

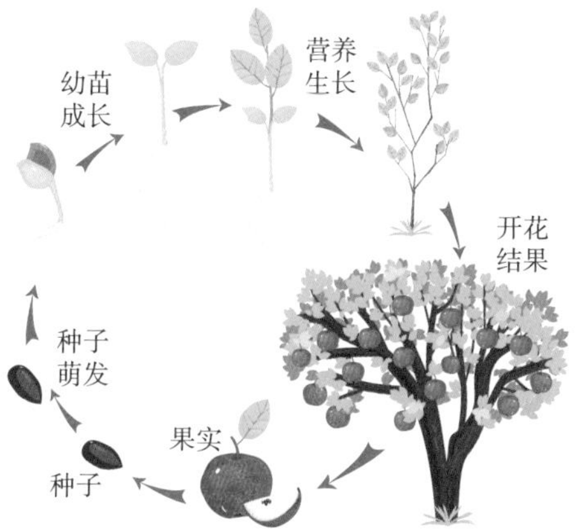

图 1-19　被子植物——苹果树的生命周期

没有花，植物该怎么办？

地球上现存约 35 万种植物，被分类为种子植物（被子植物和裸子植物）、苔藓植物、蕨类植物和藻类植物。其中，90% 的植物都是开花植物，那么剩下的 10% 的植物又是如何完成其生命周期的呢？

裸子植物是种子植物的一部分，常见的松树和银杏都属于裸子植物，它们的种子还是许多人喜欢的食物。尽管它们也用种子来进行繁殖，却没有严格意义上的花。裸子植物开的"花"被称为孢子叶球，这是因为裸子植物胚珠外面没有子房壁包被，不形成果皮，种子是裸露的。人们经常说的"铁树开花"，其实只是一种习惯叫法，并不是植物形态描述中专业的说法。

图 1-20 裸子植物——松树的生命周期

清代诗人袁枚有首著名的诗《苔》："白日不到处，青春恰自来。苔花如米小，也学牡丹开。"诗中的"苔"指的就是苔藓植物，但是苔藓植物真的有花吗？"苔花"真的存在吗？

苔藓植物是高等植物中"最低等"的植物，它的结构十分简单，仅有茎和叶，有时甚至只有扁平的叶状体，没有真正的根和维管束。我们常见的苔藓植物有葫芦藓、地钱、脚苔、泥炭藓、黑藓等。苔藓植物的繁殖是依靠孢子进行的。以苔藓植物中最常见的地钱为例：地钱雌雄异株，雄托圆盘状，波状浅裂，上面生许多小孔，孔腔内生精子器，托柄较短；雌托指状或片状深裂，下面生颈卵器，托柄较长；卵细胞受精后发育成孢子体。

图 1-21　苔藓植物地钱（左）和它的孢子（右）

由此可见，苔藓其实无花，袁枚"苔花如米小"的诗，或许是对葫芦藓的描述，不过，葫芦藓顶部的"米"状结构也并不是花，而是葫芦藓的孢蒴，也称孢子囊，它在成熟时开裂，散出大量的孢子。

蕨类植物的生活史分为孢子体和配子体两个阶段。常见的生长在林地和花园中的蕨处于孢子体阶段。蕨类植物的孢子体都是多年生的，能够存活好几年。在一些四季分明的地区，每年秋天蕨类植物的叶子都会枯死，等到来年春天，其地下的根状茎又会长出新的叶子。而生长在林地上的蕨类植物，比如鳞毛蕨和耳蕨，则会在冬天枯萎，枯死的叶子会为生长点（宿根）提供保护，帮它度过漫漫严冬。

蕨类植物的孢子体上会产生孢子囊，而每一个孢子囊内都会产生大量肉眼看不清的、直径为 10 ～ 100 微米的孢子。孢子小而轻，悬浮于空气中，随气流或水流漂移到各处，在适宜的环境中萌发，长出叶状体——配子体（原叶体）。部分蕨类植物的孢子体会产生雌雄两种配子，但绝大多数蕨类都属于同型孢

图 1-22　藓的孢蒴——"苔花如米小"

图 1-23　不同蕨类植物叶背上的孢子

类，在孢子萌发后产生的配子体上不同的部位，产生颈卵器和藏精器。由此分别产生雌配子（卵子）和雄配子（精子），雌雄配子结合后形成合子，然后发育成胚，再成长为常见的绿色孢子体。这个过程就是蕨类植物特有的世代交替的生活史。不过，蕨类植物在其整个生活史中，也会因为环境等条件的影响而改变其中某一过程，从而出现了一些特殊的繁殖方式，如无配子或者无孢子的繁殖方式。

　　早在 4 亿年前，植物就存在于地球，那时地球上的植物仅为原始的低等菌类和藻类。后来，一些绿藻逐渐演变成了原始的陆生维管植物（裸蕨），开始在陆地上生活。经过长时间向陆地扩展，苔藓植物和蕨类植物逐渐覆盖了地球大陆。从二叠纪至白垩纪早期，历时约 1.4 亿年，许多蕨类植物由于不适应当时环境的变化

图 1-24　蕨类植物的生命周期

相继绝灭，陆生植被的主角则被裸子植物所取代。被子植物是在白垩纪迅速发展起来的植物类群，其很快取代了裸子植物的优势地位，成为地球上种类最多、分布最广泛、适应性最强的优势类群。但是被子植物为什么会在这个时期突然出现？为什么会产生如此多的形态和物种的变异？这仍然是一个谜。

纵观植物界的发展历程，我们可以发现，整个植物界是沿着从低级到高级、从简单到复杂、从无分化到有分化、从水生到陆生的规律演化的，而这都是遗传变异、自然选择（人类出现后还有人工选择）不断发生和发展的结果。那些不适应环境条件变化的种类不断死亡和灭绝，新的种类不断产生，正因如此，植物的演化才会永不间断，永不终结。

神奇动物在这里

通过对化石的研究，现在我们已经知道，地球上最早出现的动物源于海洋。生命经过漫长的地质时期，逐渐演化出了各种分支。地球上的动物沿着从低等到高等、从简单到复杂的趋势不断进化并繁衍至今，才有了今天如此丰富的多样性。

科学家们把现存的人类已知的动物根据体内有无脊椎骨分为无脊椎动物和脊椎动物两大种类。其中，无脊椎动物还被分为节肢动物、原生动物、腔肠动物、扁形动物、软体动物、环节动物和线形动物。脊椎动物则被划分为哺乳动物、鸟类、鱼类、爬行动物和两栖类。从生物进化的总体趋势来看，脊椎动物由无脊椎动物进化而来，其身体结构和生活方式更为复杂、更为高等。

神奇的哺乳动物

哺乳动物是动物界中结构最高等、机能最完善的动物，拥有高度发达的神经系统和感官，能协调复杂的机能活动，并能适应多变的环境条件。哺乳动物身上多披有毛发以保护身体、保持体温，帮助它们减少对环境的依赖，增强对环境的适应能力。

哺乳是哺乳动物最显著的特征。哺乳动物多为胎生，具有乳腺，可对幼仔哺乳，从而保证后代有较高的成活率。常见的哺乳动物有猪、牛、羊等。但是，在哺乳动物中也有特例，那就是生活在澳大利亚的针鼹和鸭嘴兽这类单孔目动物，它们是最古老的哺乳动物。针鼹和鸭嘴兽会产卵，但是卵壳软而且卵黄很少，因此，卵不能为幼仔提供足够的营养，孵化出来的幼仔也都发育不良，需要母体进一步哺乳才能正常生长。

图 1-25　哺乳动物——猪

图 1-26　卵生的鸭嘴兽也是哺乳动物

哺乳确实是哺乳动物最典型的特征，但是在神奇的动物界，"哺乳"却并不只是哺乳动物的特权。

蜘蛛也能产奶？

2018 年 11 月 30 日，国际顶级学术期刊《科学》(*Science*)上发表了一篇学术文章《一种跳蛛的长期哺乳行为》。这项成果由我国科学家权锐昌、陈占起带领的团队完成。文章引起全球生物学界的轰动，因为该研究发现了首例哺乳动物之外的动物通过哺乳养育后代的现象。

说到这项科研成果的功臣，我们还必须提到故事的主人公大蚁蛛——一种长得像大蚂蚁的蜘蛛。在昆虫界，雌性大蚁蛛绝对是数一数二的好妈妈了，它的小宝宝们在从出生到完全长大的 40 天里，都需要蜘蛛妈妈的"乳汁"所提供的营养。

在蜘蛛宝宝出生后的 20 天里，它们完全依赖吸食蜘蛛妈妈的乳汁生活。通过对乳汁的检测，科学家发现这种"蜘蛛乳汁"的蛋白质含量是牛奶的 4 倍左右，而脂肪和糖类的含量则低于牛奶。在这种营养的滋润下，小蜘蛛茁壮地成长。

在小蜘蛛长到 20 天到 40 天时，它们开始外出捕食，但是仍然会间歇性地回到蜘蛛妈妈身边喝奶，这种有趣的现象会一直持续到它们出生 40 天后，这个时候，小蜘蛛的个头已长到成年个体的八成大小。成功断奶之后的小蜘蛛，已经可以独当一面地捕食和生活了。

不仅如此，更有趣的现象在于，已经断奶后的雌性大蚁蛛还会回到母亲的巢穴中，继续和母亲一起生活。大蚁蛛妈妈居然会继续照顾自己已成年的后代，这表现出了超长的亲代抚育行为模式，展现出一副慈母形象。这种照顾后代到其性成熟的亲子行为模式以前一直被认为是人类以及猿、大象等高等动物的"专利"，但从这项研究的成果来看，哺乳不再是哺乳动物特有的属性。哺乳与超长抚育行为的起源、存在现状和进化模式需要被重新审视。不过，虽然大蚁蛛存在哺乳行为，但蜘蛛依然不能被判定为哺乳动物，只是具有哺乳行为的动物。

其实在大自然中，还有类似的现象，比如鸽子会通过嗉囊分泌嗉囊乳喂养幼鸽，这是否也能称得上是一种哺乳行为呢？虽然动物界也有个别动物是母亲通过提供像乳汁一样的分泌物来哺育子女的，但它们的行为还是难以被称为真正的哺乳，因为它们的行为模式、持续时间和功能都与哺乳动物所表现的相差甚远。

图1-27　鸽子通过嗉囊分泌嗉囊乳喂养幼鸽

　　神秘的大自然中，还有很多谜团等待我们去解开。目前已有的分类方式，不过是对过去已有知识的总结，并非世界固有的定律。只要我们细心发现，就能够更深入地了解大自然。未知的事物还有很多，等待你我一起去发现。

第 2 章

遗传的密码

　　从最早发现的人类化石开始推算，人类存在于地球至少已经有700万年了。当然，各界对此也存在一些异议，有些人认为应该是在300万年左右。但无论时间长短，可以确定的是，生命在地球上已经存在了相当长的时间，人类也一直在探索生命的起源。直到达尔文、孟德尔、沃森、克里克等人的出现，我们才开始改变对这个世界的认识，逐渐认识到生命延续的秘密——遗传。

　　遗传的现象是如何被发现的？是什么控制着遗传？遗传的密码是什么？而这种遗传密码又能为我们带来什么？带着这一系列疑问，让我们一同来解开这神奇的遗传密码。

遗传物质的解密史

我们在成长过程中，常常听到亲人说"眼睛像爸爸""鼻子像妈妈"这类话。在自然界中也有同样的现象，如"种瓜得瓜，种豆得豆""龙生龙，凤生凤，老鼠生仔会打洞"。这似乎是自然界中的规律，但是你思考过为什么会这样吗？为什么不会种瓜得豆、种豆得瓜？究竟是什么在控制着这一切？

每个物种的亲代通过繁衍将形态结构、生理功能和外貌特征等传给后代，这种现象叫作遗传。遗传，这个如今看来再熟悉不过的词，我们发现和了解它的科学之路却是漫长而艰难的。

图 2-1　生活中的遗传现象：女儿长得像妈妈

诸神造物论

自人类出现在地球上起，就开始了对万物的思考：为什么地球上有如此种类繁多的生命？这些生命是怎样产生的？不同物种间的差别是如何造成的？

在人类对于自身和外界环境没有科学认知的时期，人们对于未知的事物往往有着崇敬或恐惧的心理。在古代，全球的人们对于生命的起源，尤其是对于人类起源的认识高度相似，几乎都将其归因于神的创造。在华夏文明中，女娲被认为是创世神和始母神，而人类就是女娲用泥土制作的；在古巴比伦

图 2-2　中国神话故事——女娲造人

的神话中，人类是由众神之王马尔杜克创造的；在古埃及，人类被认为是由哈努姆用陶轮塑造的；而在古希腊，人类被认为都是泰坦的后代。

在很长一段时期内，"神创万物"的思想被广泛接受，而且这种造物论似乎还能解释物种的多样性和差异性。当然，现在看来，这种"神创万物"的理论是不科学的，但我们能够从中体会到人类对生命的敬畏和对自然的崇拜。

拉马克学说

随着时代的发展和科技的进步，越来越多的人不满足于"神创万物"的解释，关于物种起源的假说逐渐产生。

19 世纪初期, 法国生物学家拉马克继承和发展了前人关于生物不断进化的思想, 明确指出生物不是由上帝创造的, 而是通过极长的时间进化而来, 并且大胆地认为生物是以从简单到复杂、由低级向高级的趋势进化的。同时, 拉马克还提出了两个著名的生物进化原则。第一个是"用进废退"原则, 意思是生物的某些器官不经常使用就会退化, 而常使用的器官则会越来越发达。第二个原则是"获得性遗传", 即那些因为"用进废退"而获得的新性状会遗传下去。

拉马克是第一个系统地提出了唯物主义的生物进化理论的科学家, 他与当时占统治地位的神创论思想进行了激烈的斗争, 对进化论的建立有巨大贡献。

图 2-3 拉马克

遗传物质——"微芽"

英国生物学家达尔文在经历了 5 年的环球航行后，对全球动植物和地质结构等进行了大量的观察和记录，撰写的《物种起源》于 1859 年出版。该书从生物与环境相互作用的角度出发，认为生物的变异能导致其适应性改变，这就是著名的生物进化论。生物进化论的提出推翻了神造万物和物种不变的理论。

图 2-4　达尔文

《物种起源》问世后的第 9 年，达尔文再次提出了一个遗传假说，该假说被称为"泛生论"。他认为生物体的每个细胞都会产生具有繁殖功能的特定粒子——微芽，微芽可以通过循环系统递送到亲代的精子、卵子中并传给子代，使子代表现出和亲代相同的性状。

尽管现在看来，泛生论存在争议，但在达尔文的时代，人们还不知道细胞会分裂以及细胞中具有遗传物质，达尔文的泛生论无疑为当时人们认识生命提供了新的见解，那就是生命在传递中存在一些特别的"微芽"，这可以被看作是我们现在所熟知的"基因"的原始概念。

遗传因子的提出

奥地利生物学家孟德尔本是一名传教士，自小喜爱植物的他，本只是希望能够培育出品种优良的豌豆，但却在实验的过程中发现了影响世界的生物遗传规律。

孟德尔选择了 22 个品种的豌豆，这些豌豆品种都具有某种可以明确区分的性状，比如花色、种子形状、种子颜色、种荚颜色、种荚形状、植株高度、开花部位等。受到达尔文著作的启发，孟德尔在每次进行杂交或者自交栽培的实验时，都进行了细致入微的观察和统计。通过严谨的推理和大胆的想象，孟德尔提出了生物的性状取决于遗传因子的观点，并且他认为：这些遗传因子就像一个个独立的颗粒，既不会相互融合，也不会在代际传递中消失（分离定律）；而且遗传因子往往成对出现，不同遗传因子在传递到下一代时是彼此互不干扰的，各自独立地被分配到配子中

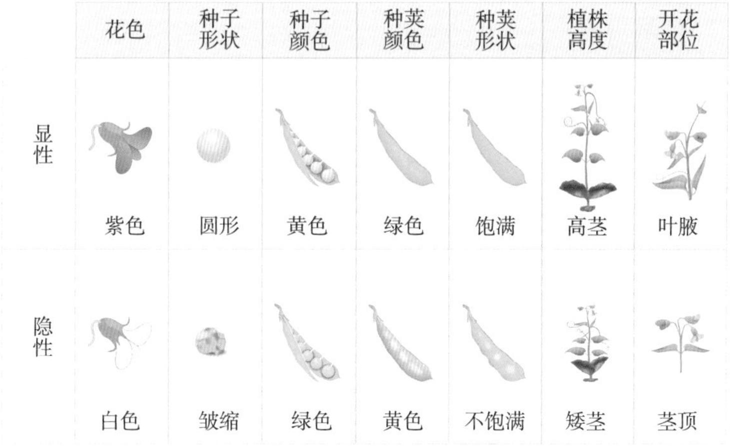

	花色	种子形状	种子颜色	种荚颜色	种荚形状	植株高度	开花部位
显性	紫色	圆形	黄色	绿色	饱满	高茎	叶腋
隐性	白色	皱缩	绿色	黄色	不饱满	矮茎	茎顶

图 2-5　豌豆的不同性状

去（自由组合定律）。

1865 年，孟德尔向科学界宣告了他总结的遗传规律，但是由于当时人们思维的局限，孟德尔的发现并没有得到重视，直到 30 年后才逐渐被科学界认可。人们分别称他的发现为"孟德尔第一定律——基因分离定律"和"孟德尔第二定律——基因自由组合定律"。

染色体的发现

1879 年，德国生物学家弗莱明在做实验时，把细胞核中的丝状和粒状物质用碱性染料染红，他发现这些物质平时都是松散地分布在细胞核中，只有当细胞分裂时，这些松散物质才逐渐凝聚，形成条状物，而且同一种生物中的这种条状物总是数目相同且成对出现。这些条状物因具有被特定染料强染色的特征，在 1888 年被正式命名为染色体。

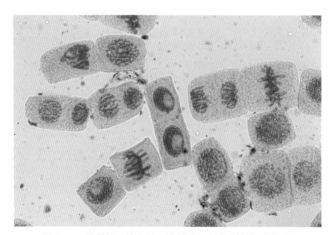

图 2-6　显微镜下染色体形态清晰可见的洋葱根尖细胞

1904 年，美国遗传学家萨顿证明细胞中的染色体是成对存在
的，他联想到孟德尔所发现的遗传因子也是成双成对出现的，立
即对其过去假说进行了概括和论述，提出了"遗传因子在染色体
上"的观点。

基因的提出

1909 年，丹麦生物学家约翰逊根据希腊语"给予生命"创造
了"基因"一词，并用这一术语代替了孟德尔提出的"遗传因子"。
不过这个时期的基因只是遗传的符号，人们并不了解基因的自然
属性，只是知道它的存在，知道它是生物性状的决定者，并不清
楚基因的本质。但这已经足够了，因为从那时开始，一个全新且
重要的研究领域被开辟出来了。

美国遗传学家摩尔根在 1928 年通过果蝇的遗传实验，证明了
基因在染色体上，且呈线性排列，从而得出了染色体是基因载体
的结论。摩尔根于 1933 年获得了诺贝尔生理学或医学奖。

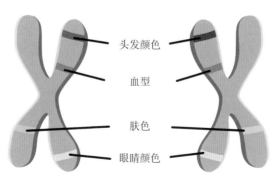

图 2-7　染色体上控制性状的基因示意图（人）

DNA的解析

在摩尔根实验之后，科学家虽然已经能够确定基因位于染色体上，并且基本了解了基因的遗传规律，但是并不清楚基因的本质。直到1945年，美国生化学家艾弗里进行的肺炎链球菌的转化实验证明了基因的化学本质就是脱氧核糖核酸（DNA）。1952年，美国微生物学家赫尔希利用T2噬菌体进行了"噬菌体侵染细菌实验"，验证DNA确实是主导生命繁衍的物质。自此，DNA就是遗传物质成为了学界的共识，而不断解析DNA的内在结构就成了科学家研究的重点。

科学理论的进步和技术的发展一直是相辅相成的。X射线衍射技术的发展，推动了人们对DNA结构的认识。1952年，英国科学家罗莎琳德·富兰克林成功拍摄到清晰的DNA的X射线衍射照片，为DNA结构的解析提供了有力的支撑。

几乎是在赫尔希完成噬菌体侵染实验的同时，奥地利裔美国生化学家查伽夫解析了DNA的化学组分，他发现无论是何种生物的DNA，都含有腺嘌呤（A）、胸腺嘧啶（T）、鸟嘌呤（G）和胞嘧啶（C）四种碱基，而且A和T、G和C的含量也始终相等。

基于对DNA物理结构和化学组分的认识，1953年，两位年轻人弗朗西斯·克里克和詹姆斯·沃森在国际学术研究顶级期刊《自然》（Nature）上发表了一篇不足千字的论文，阐明了DNA双螺旋的分子结构，向世界揭示了生命遗传物质的奥秘。1962年，沃森、克里克、威尔金斯三人因发现了DNA的双螺旋结构而获得了诺贝尔生理学或医学奖。

　　探索遗传物质的科学之路是曲折漫长的，其中充满了观点的
碰撞和争论。科学的方法和理性的思维是攻破神创万物论的重要
武器，科学家用求真、求实、敢于质疑的科学精神，共同推进了
遗传密码的破解。

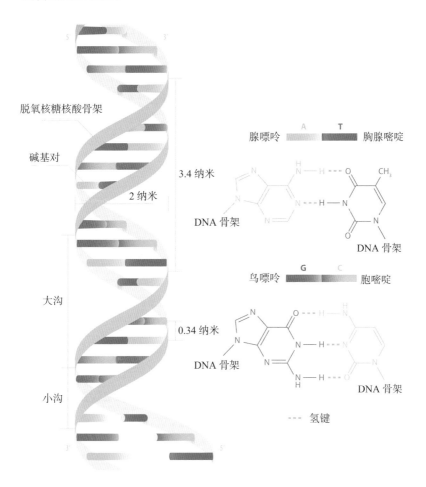

图 2-8　DNA 双螺旋结构和 DNA 碱基互补配对方式

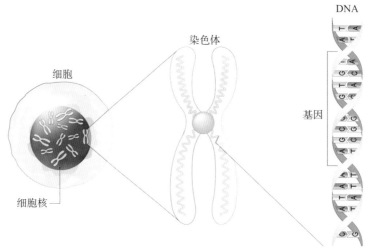

图 2-9 遗传物质解析定位图

遗传密码的破译

    DNA 的双螺旋结构这一突破性发现，让分子生物学得到了蓬勃发展，而遗传密码的发现，则是奇妙想象和严密论证的伟大结晶。

    1953 年，英国物理学家克里克和美国生物学家沃森共同发表了论文《DNA 结构的遗传学意义》，提出了"碱基的排列顺序就是携带遗传信息的密码"的论断。也就是说，DNA 中四种碱基的排列顺序含有生命的遗传信息。然而，当时要研究清楚 DNA 链上的碱基排列顺序十分困难。如果你是当时的科学家，你会如何对遗传密码进行破译呢？

　　科学家们开始围绕克里克和沃森的推论展开探索，物理学家伽莫夫首先提出了"三个碱基决定一个氨基酸"的设想。科学发展正是这样，只有大胆地设想，大胆地尝试，才可能有所突破。不过，验证假设的道路往往是崎岖的，有太多的困难需要去面对、去克服。

读取方式不同将产生不同密码

　　我们设想一下，在一个由四种花组成的花环中，随机连续取三朵花，是不是排列组合都不一样呢？同样，在由四种核苷酸（核苷酸是核酸的基本结构单位，由碱基、核糖、磷酸三种物质组成）组成的 DNA 链中，若每三个碱基决定一个氨基酸，读取时以三个为一小组，那么从不同地方开始连续读取，是不是得到的结果都不一样呢？

图 2-10　DNA 链由四种核苷酸组成

为什么科学家要研究遗传密码的读取方式呢？这是因为即使是同一条碱基序列，从不同的读取起点和方向解读出来的含义也会不同。

真的是三个碱基决定一个氨基酸吗？

伽莫夫提出的设想是正确的吗？遗传密码的读取方式是连续的还是跳跃的呢？想要弄清楚这些问题，不但需要理论推导，还必须拿出实验证据来证明才行。

1961 年，克里克和他的同事通过大量的实验终于找到了正确答案。他们利用噬菌体作为实验材料，研究某个基因的碱基变化对其所编码蛋白质的影响，也就是分析碱基增加或减少对其所编码蛋白质产生的影响。克里克发现，在基因序列中增加或减少一个碱基，细胞都无法合成正常的蛋白质；增加或减少两个碱基，也都不能合成正常的蛋白质；但是当增加或减少三个碱基时，却都合成了具有正常功能的蛋白质。这一实验现象引发了他们的思考：为什么三个碱基的变化对蛋白质的编码影响最小呢？

通过进一步研究，科学家发现并证明了蛋白质中的每个氨基酸是由三个碱基来共同决定的，多一个或少一个碱基都不能匹配到正确的氨基酸。而且还发现蛋白质的合成是从 DNA 序列上一个固定的起点开始的，以连续的方式将不同的氨基酸进行组合，直至遇到"终止密码"。

遗传密码的破译

三个碱基对应的氨基酸具体是什么氨基酸呢?

克里克在 1958 年提出了中心法则,指出遗传信息的流动方向是 DNA → RNA →蛋白质。也就是说,蛋白质由 RNA 指导合成,那么 RNA 上核苷酸的排列顺序就决定了组成蛋白质的氨基酸的种类和顺序,因此,只要知道 RNA 的核苷酸序列,然后用这个序列去合成蛋白质,就能知道它们对应的氨基酸了。

根据这个思路,科学家们开始了各种尝试。科学家们将只含有单一碱基(尿嘧啶,U,是 RNA 特有的碱基,相当于 DNA 中的胸腺嘧啶)的特殊 RNA 核苷酸序列放到装有与细胞液相似的溶液的试管中,发现最终只得到了由一种氨基酸(苯丙氨酸)组成的蛋白质,根据三个碱基决定一个氨基酸的原则,科学家们解密了第一个蛋白质的密码子(密码子是由三个相邻的核苷酸组成的

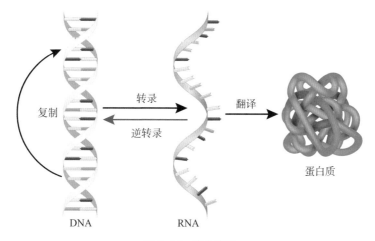

图 2-11　中心法则

识别特定种类氨基酸的 RNA 序列）：UUU 对应苯丙氨酸。

科学家们以此为基础，开始研究由不同碱基组合而成的密码子及其对应的氨基酸，并不断改进实验方法，历经多年，终于破译了全部的密码子，并编制了密码子表。

先后经历了 20 世纪 50 年代的数学推理阶段和 1961—1965 年的实验研究阶段，人类终于破译了基因密码，而这无疑是 20 世纪 60 年代分子生物学最辉煌的成果之一。

遗传物质只有 DNA 吗？

世界之大，无奇不有，那么遗传物质会不会也有例外呢？其实在自然界，一些生物还能够利用 RNA 或者蛋白质作为遗传物质。接下来就让我们深入地认识这些不走寻常路的生物吧！

以DNA或RNA为遗传物质的病毒

病毒不具有典型的细胞结构，它由核酸和蛋白质外壳构成，只能寄生在活的细胞内，并以复制方式进行增殖。常见的 RNA 病毒有：艾滋病病毒、丙型肝炎病毒、乙型脑炎病毒、登革热病毒、烟草花叶病毒、SARS 病毒、MERS 病毒、埃博拉病毒、新冠病毒以及全部的流感病毒等。如何通过实验的方式来确定 RNA 是这些病毒的遗传物质呢？如果你是科学家，你会如何设计实验？

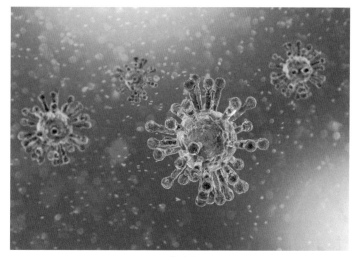

图 2-12 冠状病毒 3D 结构图

1956 年，美国学者弗伦克尔 - 康拉特就用烟草花叶病毒的重建实验证明了 RNA 是其遗传物质。这个实验设计得很巧妙，他将烟草花叶病毒在水和苯酚的混合液中振荡，从而分离病毒的 RNA 和蛋白质，让它们分别感染烟草，然后观察烟草的生长状况以及烟草能否被病毒感染。被感染的烟草叶上会出现花叶症状，处于不良生长状态，叶常呈畸形。实验结果显示，单是病毒的蛋白质，不能使烟草感染；单是病毒的 RNA，可以使烟草感染。这说明病毒 RNA 能够进入叶片细胞，进行繁殖，产生正常的子代病毒。

不过，以上只是一个病毒感染实验，不能完全证明 RNA 是

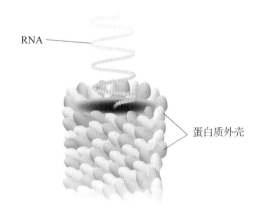

RNA

蛋白质外壳

图 2-13　烟草花叶病毒模型

遗传物质，还需要展开进一步的探究。烟草花叶病毒有很多株系，可以根据寄主植物的不同和在寄主植物的叶片上形成的病斑差异进行区分。例如两种蛋白质外壳不同的株系：S 株系的蛋白质外壳不具有组氨酸和甲硫氨酸，而 HR 株系的蛋白质外壳则含有这两种氨基酸。科学家按照先分离后聚合的思路先取得 S 株系的蛋白质外壳和 HR 株系的 RNA，然后把它们结合起来，构建成重组病毒。烟草感染重组病毒后，其病斑总是跟经过病毒 RNA 受体处理的烟草病斑一样，此外，烟草细胞中的第二代病毒颗粒具有 HR 株系的 RNA 和 HR 株系的蛋白质外壳。然后，科学家又把 HR 株系的蛋白质外壳和 S 株系的 RNA 结合起来，构建成重组病毒，用重组病毒感染烟草，最后也得到了类似的结果。因此可得出结论：在不含 DNA 而只含 RNA 的病毒中，病毒的 RNA 携带着复制和形成新病毒颗粒所必需的遗传信息。

　　烟草花叶病毒主要通过汁液传播，可以感染多种植物。另外，

图 2-14　被感染的烟叶

烟田中的蝗虫、烟青虫等有咀嚼式口器的昆虫也可传播烟草花叶病毒。烟草病毒病是世界各烟草产区普遍发生的一类重要病害，严重影响着烟草的产量和质量。

特别的朊病毒

朊病毒，严格意义上来说只是一类不含核酸而仅由蛋白质构成的具有感染性的因子。它与常规病毒一样，有传染性、致病性、宿主特异性，但它比已知的最小的常规病毒还小得多（仅30～50纳米）。就是这样一种看似简单的病毒，曾一度被认为是世界上最恐怖的病毒。

朊病毒能够引起包括人类在内的哺乳动物的中枢神经系统病变。早在300年前，人类就在绵羊和小山羊中首次发现了感染朊

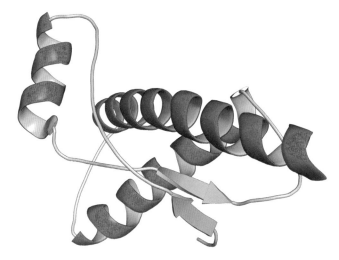

图 2-15　朊病毒 3D 结构图

病毒的病例。患病的羊往往感到奇痒难熬，常用身体在粗糙的树干或石头表面不停摩擦，以致身上的毛都被磨脱，因而这种病症被称为"羊瘙痒症"。如果牛感染了朊病毒，则会像发了疯一般，运动失调、紧张颤抖，表现出许多过激行为，这就是"疯牛病"的症状。鹿也可以被朊蛋白感染，患病的鹿目光涣散、瘦骨嶙峋、肢体不协调、流着口水、具有攻击性，活像是行尸走肉，因此被戏称为"僵尸鹿"。人类一旦吃了这种被感染的动物的肉，也会感染朊病毒，并会表现出痴呆的症状（被称为"克雅氏症"），绝大多数患者都会于一年内死亡。人类一旦感染朊病毒，致死率达到 100%。这也告诫我们要珍爱生命，不要吃野生动物以及来源不明的肉食。

　　20 世纪 60 年代，英国生物学家阿尔卑斯用放射线破坏病羊的 DNA 和 RNA 后，发现其组织中仍含有具感染性的物质，因而认为"羊瘙痒症"的致病因子并非核酸，而可能是蛋白质。然而，这个认知在当时并没有被认可，甚至还被一些人视为异教邪说。后来，大量的实验研究证明，朊病毒是一组至今未找到其核酸，对各种理化作用具有很强抵抗力且传染性极强的病毒。

图 2-16　患病的鹿

有研究者认为，朊病毒能够激活宿主细胞表达更多与其具有相同结构的病毒蛋白，从而完成自身复制。但到目前为止，关于朊病毒还有太多的未知需要人们去探索。不过，无论多么顽强的病毒，都会惧怕科学的进步。随着科学的发展，病毒将逐渐无处遁形，人们总能在科学的传承和创新中找到对付病毒的利器。

DNA 测序技术的发展史

基因是一部历史书，记录着生命的故事；基因是一本工作手册，以字母的方式记载着每一个细胞的制造蓝图与操作方法。

当人类知道了 DNA 由四种碱基序列构成后，离揭开基因的秘密就更近一步了。生物的 DNA 看似仅有 A、T、G、C 四种碱基，实际却是一部卷帙浩繁的"天书"。而 DNA 测序技术的诞生，就好似"芝麻开门"一般的咒语，成为我们打开基因宝库的"金钥匙"。

图 2-17 DNA 中庞大的信息需要通过 DNA 测序技术来获取

DNA 测序的目的是认识生命的本质，了解生物的差异性，以及知晓不同生物进化和发展的历史。DNA 测序技术在疾病诊断和分型中都具有重要的实用价值。那么，测序技术是如何发展的呢？

第一代测序技术

第一代测序技术主要包括化学降解法、双脱氧链终止法（也被称为 Sanger 测序）以及在它们基础上发展起来的各种 DNA 测序技术（如荧光自动测序技术和杂交测序技术等）。第一代测序技术一次只能测一条单一的序列，且最长也就只能测 1000～1500bp（1bp ＝ 1 个碱基对），但因其准确率高，所以被广泛应用在单序列测序上。

第一代测序技术在"人类基因组计划"中得到了应用，促进了分子生物学研究的快速发展。但是，第一代测序技术存在覆盖率低、测序时间长和费用昂贵等不足。"人类基因组计划"的初步完成耗费了约 13 年时间、近 30 亿美元，显然，这种高昂的测序成本是令人难以接受的。因此，科学家们迫切需要一种高效且低成本的 DNA 测序技术。

随着"人类基因组计划"的完成，人类逐渐进入了后基因组时代，传统的方法已经不能满足深度测序和重复测序等大规模基因组测序的需求。2003 年，为了发展新的测序技术，美国国立卫生研究院（NIH）宣布启动"1000 美元基因组计划"，即计划用 1000 美元测定单个人类基因组。

第二代测序技术

第二代测序技术也被称为下一代测序技术，克服了第一代测序技术一次只能测一条序列的缺陷，这是 DNA 测序技术的一次革命性改进。该技术的显著特征是高通量和高覆盖率，一次能够对几十万到几百万条 DNA 分子进行测序，使得对一个物种的转录组测序和基因组深度测序变得方便可行。第二代测序技术主要包括454 测序技术、Solexa 测序技术和 SOLiD 测序技术。

第二代测序技术的出现为物种基因组的研究提供了有力的技术支撑，促进了基因组学和生物信息学的快速发展。但是，第二代测序技术的片段被限制在 250 ～ 300bp，容易出现 DNA 序列信息丢失、碱基错配等问题。

图 2-18　第二代测序技术中的峰值图（可根据不同峰值代表的不同碱基推算出 DNA 碱基序列）

第三代测序技术

第三代测序技术是指单分子测序技术，是第二代测序技术的升级版本，可以对单个 DNA 或 RNA 分子进行测序。第三代测序技术的突出特点是测序通量和速度都大幅提升，测得的 DNA 序列片段非常长，其平均长度能达到 10000bp。

尽管如此，第三代测序技术中的碱基读取的错误率偏高（≥ 15%）。不过，第三代测序技术中的碱基读取错误是随机发生的，如果重复检测同样位置的碱基，不一定会发生同样的错误。因此，可以通过重复测序降低错误率，但是这种方式增加了测序的成本。第三代测序技术对于特定的基因组学问题的研究具有非常重要的意义，目前已经逐渐成为临床分子诊断中的重要

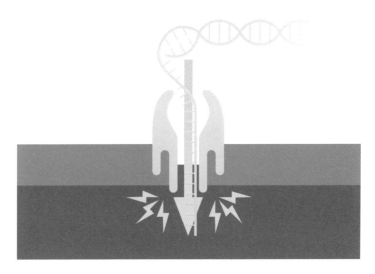

图2-19　第三代测序技术（单分子测序技术）

技术手段，被运用于基因组测序、DNA 甲基化研究、基因突变鉴定等方面。

DNA 测序技术正朝着测序片段更长、测序时间更短、成本更低的方向发展。随着生物信息学的不断发展，基因组拼接技术的不断完善，人类终将逐步解开基因的秘密。但是，人类依然面临一个重大的挑战：随着 DNA 测序数据量骤增，如何从海量的数据中分析出有效信息，找到破解基因秘密的关键成了一个新的难题。

基因大数据时代已经到来，大量未解读的基因信息给人类带来了无限创新的可能。我们面临着挑战，但是也迎来了机遇。

基因与生物多样性

大约在 5.4 亿年前的一天，地球上似乎突然出现了生命，随后产生了多种多样的生命个体。在这漫长的生命长河中，生命的演化从简单到复杂、由低等到高等，不断有新的物种产生，也不断有物种灭绝，演绎着关于生命变与不变的故事。在我们揭开生命遗传的奥秘后，生命信息传递的变与不变的原因逐渐清晰。

生物多样性的本质——基因多样性

生物的形态特征和功能都由基因控制，而基因的本质是DNA 分子上具有遗传信息的特定核苷酸序列。从理论上看，基于 A、T、C、G 四种碱基的数量、排列组合以及遗传规律等的变化，基因的数量是无比巨大的。就如一篇英文文章，其中所有单词都是从 26 个英文字母中选取构成，但字母数量及排列顺序的差异造就了单词不同的含义，而不同单词的排列组合又构成了不同的文章内容。

图 2-20　DNA 碱基序列

生命的构造是极其精致的，并不是所有的碱基组合都能够形成有效的基因，就像不是所有的字母组合都能形成有意义的单词，也并不是所有的单词的组合都能构成语句通顺的句子。因而，地球上的生物多样性是低于理论上基因的多样性的。

自私且智慧的基因

适者生存不仅是物种需要面对的，也关乎基因的存亡。虽然自然界中基因的数量是不可估量的，却不能和物种的多样性画等号，因为环境会对这些基因进行筛选。基因演化表达成具有不同功能和作用的细胞和器官，器官又控制着物种的形态和行为特征，这些特征能否适应环境的变化，就决定了这个基因能否被保留。比如生活在距今约 1.5 亿年的侏罗纪晚期的始祖鸟类恐龙，随着地球环境的变化而逐渐演化成了不同的鸟类。虽然现在的鸟类跟始祖鸟形态差别较大，但至少能够肯定的是和翅膀与羽毛相关的基因被一直保留了下来。

图 2-21　始祖鸟（复原图）

基因是自私且聪明的，自私是因为它能忠实地"复制"自己，使生物保持其基本特征。就像现在很多细菌的基因还保留着其形成时的 DNA 序列，蕨类植物等更是将恐龙时代的形态保留至今。为了适应多变和多样的环境，聪明的基因也会利用环境来改变自己，比如通过突变（如碱基序列的重复、插入、置换、缺失以及颠倒等）来选择一段适合环境的基因序列，并不断遗传下去，这也是生物适应环境及生命进化和物种分化的基础。

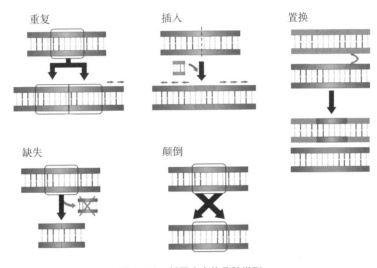

图 2-22　基因突变的几种类型

多倍化——物种进化的加速器

从生命的发展历史来看，当前的各种生物都是由最初的单细胞生物演化而来的，因此，可以理解为当前的生命有着共同的祖先，甚至可以说是由同一个基因演化而来的。毋庸置疑，最初的基因所携带的遗传信息是很少的，除了基因本身的突变带来了物种的多样性外，还有另外一种方式让物种多样性增加，那就是遗传信息的多倍化。

遗传信息的多倍化是指染色体或基因组的加倍，让物种的细胞核中出现不止一套完整的基因组。多倍化被认为是物种进化的加速器，而基因组在加倍的过程中也会出现染色体重组、消失等现象，这更加推动了物种多样性的形成。

在自然界中，绝大多数的植物都经历过至少两次古多倍化事件。基因组多倍化成为生物应对复杂环境变化、缓解有害突变的重要手段。研究发现，孑遗植物百岁兰物种在其分化产生约8600万年后发生了一次独立的全基因组加倍现象，这种加倍正是为了应对同时期的地质环境剧变带来的持续高温和干旱。

图 2-23　百岁兰

如今，基因组多倍化这一技术被广泛用来提高作物产量或者改善风味。比如一粒小麦（AA，指小麦属中最原始的栽培种）和黑麦（RR）是 2 倍体，圆锥小麦（AABB）是 4 倍体，普通小麦是异源 6 倍体（AABBDD），将普通小麦和黑麦进行杂交处理后可以形成产量更高的 8 倍体小黑麦（AABBDDRR）。原始的野生香蕉是 2 倍体，但是野生香蕉含有大量坚硬且口感酸涩的种子，不仅吃起来非常麻烦，而且完全没有现在香蕉的美味口感。为了解决这一问题，科学家培育出了 3 倍体的香蕉，也就是我们现在吃的软糯香甜且几乎没有种子（偶有非常细小但无繁殖能力的种子）的香蕉。

地球上生物多样性形成的原因非常复杂，很多物种的演化历史、分化机制以及物种和环境间的关系还不清楚，需要我们不断探索其中的奥秘。每个生物体都是一个丰富的基因库，一个物种的灭绝就是一个基因库的消失，也是一条能够揭示物种过去和未来的生命信息的消失。因此，我们要积极地保护生物多样性，保护地球的基因库。

第 3 章

基因的秘密

基因是生命的密码，是生命的操控者。它通过复制、转录、表达，完成细胞分裂、蛋白质合成以及生命繁衍等生理过程。

基因是生命的希望，是生命的创造者。DNA 序列是腺嘌呤（A）、胸腺嘧啶（T）、胞嘧啶（C）、鸟嘌呤（G）四种碱基间的变换组合，它让物种的进化有了空间，让生命有了无限的可能。

基因是生命的优盘，是生命的记录者。不同物种的基因组有相同点也有差异，但都以独特的方式记录着生物体由出生到死亡所经历的一切。

基因既记载着过去，也创造着未来。在本章中，我们将会一起挖掘基因中的无限信息，一起探究生命的奥秘。

基因时代的物种鉴定

　　人类似乎生来就充满好奇心，自从来到这个世界，一直在不断地探索着，其中最热衷的也许就是将地球上的生物归类，把它们区分开来。我们猜测人类最开始进行生物分类的原因，可能主要是基于对"危不危险"和"能不能吃"两个问题的思考。

　　生物分类的主要依据是生物的相似程度，比如形态结构、生理功能、地理分布等特征。中国古代典籍《尔雅》中，就有把动物分为虫、鱼、鸟、兽 4 类的记载。为了更好地描述物种间的关系，科学家将生物的分类系统划分为 7 个级别，分别是界、门、纲、目、科、属、种，种（物种）是生物分类的基本单元。

　　生物学发展历经描述性生物学阶段和实验性生物学阶段，逐渐走到了如今的分子生物学阶段。

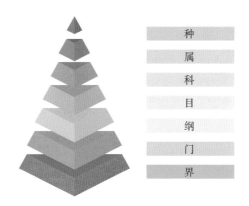

图 3-1　生物的分类系统

DNA条形码——物种分类鉴别新方法

    物种之间的很多差异都能够通过形态、功能等区别开来，但本质都是遗传物质的差异，而每种生物物种的DNA序列都是唯一的，因而，只要能够知道该物种的全部序列，就能鉴定出"它"是谁。然而，面对地球上海量的生物，通过测量每个物种的全部DNA序列来进行物种的鉴定，在目前的条件下是难以实现的。

    科学家们通过对生物物种基因中的DNA序列的研究，发现生物体内存在能够代表该物种的、标准的、有足够变异的、易扩增且相对较短的DNA片段，这些片段被称为DNA条形码。简单来说，DNA条形码就是每个物种特有的一段DNA序列。

图 3-2　DNA 条形码概念图

    超市中的每件商品都有自己独特的条形码，我们通过扫描商品的条形码，就可以知道商品对应的名称和价格。这是因为超市已经有了所有商品的信息，并将它们构建成一个巨大的数据库。我们将某件商品的条形码与数据库中的信息进行匹配，就可以知道这件商品的所有信息。同样，如果我们需要知道某个物种的信息，可以将其 DNA 条形码与数据库中的信息进行匹配，从而了解该物种的特征。

PCR——DNA条形码技术的左膀

物种的 DNA 序列包含了太多的信息，要想在 DNA 中找到那条特殊的条形码序列就如大海捞针。这时，我们就需要用到一项分子生物学技术——PCR（聚合酶链式反应）。PCR 是一种能够扩增特定 DNA 片段的生物技术，我们可以将其看作生物体外的特殊 DNA 复制手段，这项技术的运用会使得微量的 DNA 成倍增加，便于我们读取基因的信息。

相同的物种在 DNA 的序列上存在大量相似的地方，而在离这些相似片段不远的地方，我们往往能找到那段特殊的"条形码"。科学家经过多年的实验，找到了一些特殊的 DNA 序列，将这些特殊序列作为扩增目的基因的"引物"，就更加容易找到物种唯一的

图 3-3　PCR 检测仪器

条形码。比如，在动物中常使用 COI 序列，在真菌中常使用 ITS 序列，在植物中常使用 rbcL 和 matK 序列。

因此，当我们遇到不认识的或者难以辨别的生物时，我们可以先提取它的 DNA，然后将特定序列作为引物，进行 PCR。当然，我们还需要有完备的数据库进行匹配。

数据库——DNA条形码技术的右臂

DNA 数据库是科学家将已知的核酸序列以及它们的名称、来源等收录在一起而建成的基因资料库。迄今为止，世界各地都建立了许多包含 DNA 条形码的数据库，如加拿大生物多样性基因组学中心开发的 BOLD 数据库、美国国家生物技术信息中心建立的 NCBI 数据库、欧洲生物信息研究所建立的 EMBL-EBI 数据库等。中国也拥有自己的数据库，那就是依托于中国科学院北京基因组研究所而构建的国家基因组科学数据中心（NGDC）。

DNA 数据库每天都在更新，许多新的物种基因信息被上传到数据库中。根据不同的用途，大型数据库还可以分成若干子库。科学家们还根据研究领域的不同，开发出一些专门的 DNA 数据库，这样可以更加快捷、准确地获取本领域研究物种的基因信息。

你知道核酸检测的过程和原理吗?

我们都知道,核酸包括脱氧核糖核酸(DNA)和核糖核酸(RNA),而核酸检测就是利用相关技术直截了当地检测人体中是否存在相关病毒的核酸。在对样本采样后,提取样本中的全部核酸并与病毒的特异核酸序列进行比对,如果在样本中发现了相关病毒的特异核酸序列,那么被采样人就可能感染了该病毒。尽管这个过程看起来非常简单,但是在这之前,研究人员还需要通过对病毒进行全基因组测序及分析,找到这个病毒专属的特异性序列片段。

有些病毒属于 RNA 病毒,RNA 结构不稳定,研究人员可以通过运用逆转录酶和合成 DNA 的原料,合成包含病毒信息的 DNA 单链后再进行核酸检测。而且,随着 PCR 技术的发展,目前核酸检测采用的基本都是实时荧光定量 PCR 的方法,它可以很直观地反映出被采样人体内的病毒核酸量,帮助研究人员判断被采样人是否感染了相关病毒。

图 3-4　核酸采样

基因解码物种进化史

生物进化多呈现一定的规律性，比如从水生到陆生、从低等到高等、从简单到复杂等。因此，为了更好地表征各类生物间的进化关系，科学家通过构建进化树的方式再现了生命进化的历史。进化树上的每一个节点就代表一个或者一类新物种，而进化树上的枝干长度就代表进化的时间。

进化树的发展和物种鉴定的历程十分同步，早期物种进化树的构建都是基于生物的表型特征，通过比较表型特征来研究物种之间的进化关系，如动物的恒温和变温，植物的陆生和水生等。这种利用表型特征构建的物种进化树在很长时间内提升了人们对进化的认识，但是其在分析方面仍存在很大的局限性。

随着分子生物学的发展，人们逐渐认识到了生命遗传信息的本质。莱纳斯·鲍林等在 1965 年提出了分子进化理论，基于分子（DNA、RNA 和蛋白质分子）特性，来推断物种之间的进化关系。由于核苷酸和氨基酸序列中含有生物进化历史的全部信息，因此利用该方法构建的进化树更为准确，这种通过比较生物大分子序列差异而构建的树被称为分子进化树，也被称为系统发育树。通过构建不同类群的系统发育树，许多物种进化的谜团也逐渐被解开。

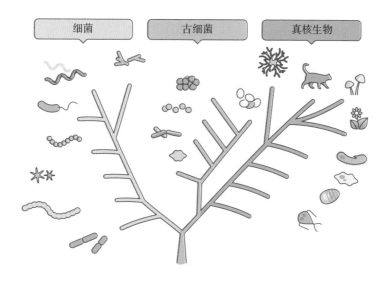

图 3-5 地球生命的系统发育树概念图

大熊猫究竟是猫还是熊?

大熊猫是中国的国宝,是一个几乎让所有人都无法抵抗其魅力的萌物。但是,这个爱吃竹子的可爱家伙到底是猫还是熊?

说起"大熊猫"这个称呼,还真有段有趣的故事。在古时候,为了寻觅食物,大熊猫经常溜出深山来到村民家中,它们有时会用强有力的牙齿咬坏炊具,而村民也不清楚大熊猫的习性,就把大熊猫称为"食铁兽"。1869 年,法国传教士戴维来到四川,在当地一个猎户家里见到一张动物的皮,他推测这是"一只完美的、黑白分明的熊",并将大熊猫命名为"黑白相间的熊"。后来,动物分类学家爱德华兹看到了一张大熊猫皮的标本,他认为大熊猫应和红猫熊（现在多称为小熊猫）以及浣熊相似，于是把戴维发现的这种"黑白相间的熊"初步归类为"熊猫属"。自此，动物学界对"大熊猫到底和谁同类""它们的亲缘关系究竟是怎样的"这类问题，一直争论不休。

直到分子生物学时代的到来，科学家们在 2010 年对大熊猫进行了基因组研究，得到了一个确切的结论，那就是大熊猫是一种熊，跟我们熟悉的棕熊、北极熊亲缘关系更近。

图 3-6　大熊猫　　　　　　　　图 3-7　浣熊

大熊猫和小熊猫都吃竹子又是怎么回事？

尽管大熊猫被证明是属于熊科的，有一些问题还是存在争议，特别是大熊猫和小熊猫的关系，因为它们确实存在太多的相似之处，比如形态上都有伪拇指；在食性上，都喜欢食用低营养、高纤维的竹子，且竹子占大熊猫和小熊猫食物组成的90% 以上。

直到 2017 年，中国科学院动物研究所魏辅文院士带领的研究团队对大熊猫进行了全基因组测序分析，发现大熊猫属于熊科，而小熊猫属于鼬超科，这个结论从进化角度得到了进一步的解释。这种在进化上关系相隔很远，但却有着相似表型和特征的现象被称为趋同进化。趋同进化多是环境选择压力的结果，比如干旱环境中的植物，更多地趋同进化出肉质化器官，以储存水分。

魏辅文院士团队进一步通过比较基因组学方法，在基因组水平对大熊猫和小熊猫趋同进化进行了分析，发现了 70 个与大熊猫与小熊猫适应性趋同相关的基因，并从代谢通路、蛋白趋同到假基因化等不同水平揭示了大熊猫和小熊猫形态与生理性状趋同的遗传学机制。

图 3-8 大熊猫（左）和小熊猫（右）

基因携带的信息量是巨大的，它记载着过去，也可以预测未来。如何从基因大数据中挖掘出有科学意义的东西，这是一个值得我们深入思考的问题。

基因组学助力物种保护

　　生物多样性是地球生态系统维持稳定的重要基础，保护生物多样性就是保护我们人类自己。其中，最重要的一项工作就是保护濒危物种，减少物种灭绝事件的发生。据世界自然基金会报道，每年有 1 万到 10 万个物种濒临灭绝，随着人类活动的干扰和全球气候的变化，物种消失的速度正在成倍加快。

图 3-9　生物多样性

　　随着基因组时代的到来，濒危物种的保护也在传统的迁地和就地保护的基础上，增加了基因水平的保护。例如，中国科学院植物研究所在 2013 年构建完成的"中国珍稀濒危植物 DNA 条形码鉴定平台"，为濒危植物的快速鉴定提供了渠道，解决了以往只能依赖分类专家鉴定，或者鉴定材料不完整的问题。与此同时，保护生物学家也逐渐开始从基因组水平这一角度去理解物种现状，揭示与物种濒危相关的分子机制，制定合理的保护措施。下面，我们以中国科学家对濒危植物银杏开展的基因组学研究为例，一起见证基因组学如何助力物种保护。

银杏为什么能够在地球上存活

一个物种变得濒危，往往是由多种因素共同引起的。这些因素可以分为外因和内因，外因包括气候、降雨、土壤、人为干扰等，往往容易被理解和发现，人们能够根据具体情况对濒危物种采取保护措施。然而物种濒危的内因却是复杂且不易察觉的。

银杏是裸子植物，属于银杏科银杏属。银杏也被称为"活化石"，大约在 2.45 亿年前进化形成，它的足迹曾经遍布全球。尽管经历了地球上多个地质历史时期和多次全球气候变化，以及人类活动干扰，银杏仍然存活至今，而且在全球被广泛栽培。目前看来，银杏似乎有着很强的适应能力，不再有濒危的可能，那么事实真的如此吗？接下来，让我们一起看看科学家是如何从基因组的视角来解答这一问题的！

2016 年，中国科学院植物研究所、浙江大学和华大基因研究院三方合作，联合发表了银杏基因组草图，并且通过对全球采样的 545 个银杏样本进行基因组重测序，为我们揭示了在地球存活

图 3-10　银杏叶和果实

图 3-11　银杏林

了上亿年的银杏的进化历史及进化潜力。

　　银杏的基因组非常大，里面蕴藏的信息也异常丰富。科学家从银杏基因组中找到了48000多个基因（要知道人类的基因也只有大约20000个）。银杏的每个基因都有演变为新的基因的可能，有的基因使银杏具有防御各种病虫害的能力，有的基因使银杏具有抵御严寒或酷暑的能力，多样的基因为银杏适应地球环境的变化带来无限可能。

　　地球在历史上经历了多次冰河时期，这给地球上的物种带来了多次灭顶之灾，而总有些物种能够在一些地方存活，我们称这些地方为物种的避难所。在全球性灾害发生时，银杏也不能完全避免栖息地被缩小的命运。科学家通过对全球银杏种群的基因组测序分析，特别是对银杏遗传结构和动态历史进行分析，发现银杏在地球气候剧烈变化时的避难所就在中国，而且在中国存在多个避难所。研究团队还发现当今遍布全球的银杏几乎都是从中国东部迁移出去的，其迁移到日本和韩国的时间早于其迁移到欧美的时间，这一发现纠正了欧洲银杏源自日本的错误认知。

银杏随处可见，我们还需要保护它们吗？

　　银杏在中国的避难所里生活了百万年，直到遇到了伯乐——人类。由于其形态优美的叶片、挺拔高大的树干，银杏深得人类的喜爱。也因此，它再次走向了全球，走进了人类生活的大街小巷。科学家通过对银杏基因组的分析发现，银杏并没有处于灭绝旋涡或进化末端，仍然具有足够的适应潜力。这样看来，我们似乎完全不用保护银杏了，但是事实真的是这样吗？

基因的多样性往往决定了生物种类的多样性，地球上仅存的银杏却显得异常的孤单，几亿年来，它都没有太大的变化，只能通过自身基因的突变来适应环境。如果全球都是银杏中同一种群的栽培种，那么栽培银杏的基因就会非常脆弱，不同银杏类群间遗传物质交换的概率就会大大降低。一旦再次发生重大的气候事件，假如这个被广泛栽培的银杏种群中没有促使其表现出相适应的性状的基因，就会导致银杏的灭绝。

科学家指出银杏基因中仍然具有足够的适应潜力，但只是在野生银杏种群中发现了高的遗传多样性。科学家通过多年的野外调查和长期检测，发现银杏野生种群非常少，分布范围也非常小，受人类活动干扰严重，野外几乎没有幼苗的天然更新，而且很多野生种群都不在保护区内。

这样看来，银杏遇上人类是幸运的，它借助人类的帮助再次走向了全球。但这也可能是不幸的，银杏扩散到全球的物种单一，基因一致，其进化的路越走越窄。因此，加强对银杏野生种群的保护十分重要。

图 3-12 银杏树

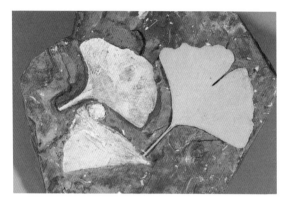

图 3-13　银杏化石

　　基因组时代的到来，为我们提供了更多的生物信息，也有助于我们更好地认识和保护地球上的各种生物。从基因组水平对物种的生长、发育、进化、起源等问题展开研究，揭示与物种濒危相关的分子机制，对珍稀动植物的保护具有重要意义。

基因检测与疾病预防

　　随着医学的发展和人们生活水平的提高，一些过去严重威胁人类健康的传染病、营养性疾病已经得到有效控制。但是癌症以及一些遗传病的问题却依然较为突出。

　　近年来，医学研究已经证明：除外伤外，几乎所有的疾病都和基因有关。遗传病是由于遗传物质发生了改变，包括染色体畸变以及在染色体水平上看不见的基因突变而导致的疾病。遗传病具有先天性、家族性、终身性和遗传性等特性，虽然有些遗传病可以通过食物和药物得到控制，但对于大多数遗传病，我们还未找到有效的治疗方法。因此，遗传病的预防就显得尤为重要。

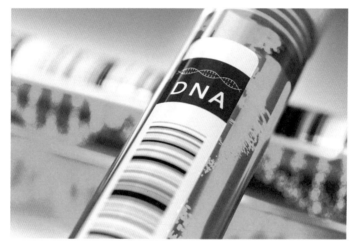

图 3-14　基因检测

染色体水平的遗传病分析

在我们人类身上，有 23 对（46 条）染色体，其中 22 对是常染色体，第 23 对是性染色体。我们通常将女性的性染色体表示为 XX，将男性的性染色体表示为 XY。根据致病基因所在位置的差异，遗传病可以分为常染色体遗传病和性染色体遗传病。许多遗传病，特别是单基因遗传病，只需要通过对家族遗传史进行统计分析就能确定。

当致病基因在性染色体上时，疾病的遗传会有很强的性别特征。如果致病基因在 Y 染色体上，致病基因将会由父亲传给儿子，儿子再传给孙子，具有世代连续性，是真正意义上的"传男不传女"。常见的 Y 伴性遗传病有人类外耳道多毛症、鸭蹼病等。但是如果致病基因在 X 染色体上，那么情况将会复杂一些，会因致病基因显隐性差异而出现多种遗传现象。常见的 X 伴性显性遗传病有遗传性肾炎、抗维生素 D 佝偻病、棘状毛囊角质化等。常见的伴 X 染色体隐性遗传病有人类红绿色盲症、血友病、进行性肌营养不良、眼白化病、先天性夜盲症等。

常染色体遗传病是由位于常染色体上的致病基因引起的，与性别没有关系，无论男女都有同样的患病概率。根据致病基因的显隐性的差异，常染色体遗传病还可以进一步分为常染色体显性遗传病和常染色体隐性遗传病。常染色体显性遗传病患者只要有一个显性致病基因，就会导致后代发病。常见的常染色体显性遗传病有马尔芬氏综合征、威尔逊氏综合征、亨丁顿氏舞蹈病等。而常染色体隐性遗传病，由于其基因决定的性状是隐性的，所以只有纯合子个体才显现病状，这种遗传病的发病者的父母双方均为致病基因携带者。常见的常染色体遗传病有苯丙酮尿症、白化病、镰刀形红细胞贫血病、半乳糖血症等。

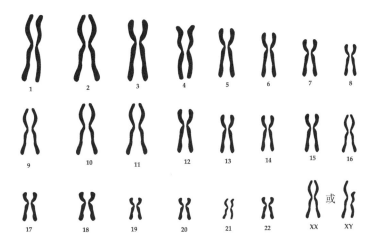

图 3-15　人类染色体示意图

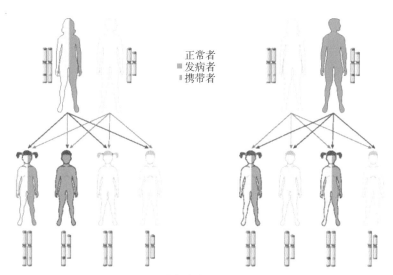

图 3-16　X 染色体隐性遗传病遗传系谱图

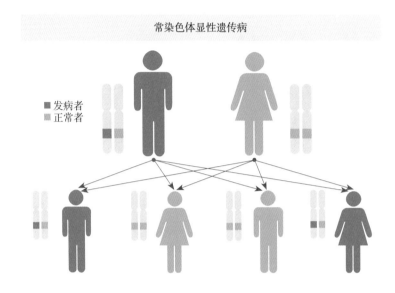

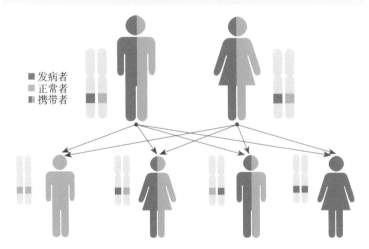

图 3-17 常染色体遗传病遗传系谱图

基因检测——预测患病概率，有备无患

　　我们借助统计学的方法可以在很大程度上预防遗传病的发生，但是很多疾病却不那么容易被发现。尽管有些疾病隐藏得很深，但是致病基因的存在却是不争的事实。通过确定与各种病症相关的基因，并将其与人体 DNA 信息进行比对和分析，我们就可以预知自身患病的风险概率，从而结合自己的身体状况，采取相应的预防措施。

　　2013 年，美国某著名女影星，通过检测确认自身携带 BRCA1 基因的突变，决定切除双侧乳腺。这一举动引发了大众对基因检测的关注热潮。BRCA 基因是一种直接与遗传性乳腺癌有关的基因，被称为乳腺癌 1 号基因，

图 3-18　BRCA 基因检测可预防乳腺癌

BRCA1 只是其中的一种。1994 年，研究人员又发现另外一种与乳腺癌有关的基因，并将其称为 BRCA2。通过特定疾病的基因检测，我们可以对一些肿瘤和遗传性疾病进行风险评估，并及时采取预防措施。

　　大多数疾病往往不是由一个或几个基因导致的，而是在许多发生突变的基因协同作用及不良环境的催化下产生的。尽管我们

可以通过基因检测预测患病风险，但是这只是内因，疾病相关的基因是否能够表达以及其表达的程度等，还受到其他外因影响，比如个人的饮食习惯、作息规律以及生活环境等。对于一些明确的疾病表型，如红绿色盲，我们通过基因检测可以获得准确的结果。但对于另外一些多基因互作和受外因影响较大而产生的表型，如身高、肥胖、智商等，若仅仅通过基因型的预测，结果将会非常不准确。因此，我们不能简单地仅凭基因检测的结果来预测或预防疾病。

每一项人类科学技术的进步都是漫长而艰辛的，或许今日的基因预测技术还不完美，但是科学在不断发展，技术在不断突破，相信终有一天，人类能够完全解码自己的遗传信息，不仅能够准确预测疾病，更能够利用分子生物学技术对疾病进行精准治疗。

图 3-19　DNA 模型 3D 渲染图

一个基因改变一个世界

每一种生命都有它存在的理由和价值，不仅是人类才拥有生命的光辉，一棵小草、一朵野花甚至一只蝼蚁都有它独特的生命价值。自然界中每一个生物体都是一个宝贵的基因库。

一个物种带来的巨大财富——猕猴桃的故事

猕猴桃，这种大家都非常熟悉的水果，也被称为阳桃、毛桃、山洋桃、毛梨桃等。还有一种和它长得几乎一模一样的水果——奇异果，你知道它们的区别吗？

1904 年，新西兰女教师伊莎贝尔·弗雷瑟从湖北宜昌将一小袋猕猴桃种子带回了新西兰，苗圃商将其培育成树苗。猕猴桃经过栽培和驯化，逐渐出现在了新西兰的市场上，并被取名为"中国醋栗"。刚开始，这一长相奇怪、浑身有毛的新奇水果并没有受到当地人的欢迎。为了更好地开拓市场，商家准备给这个水果取个接地气的名字，有人便提议将其改称"奇异果"（Kiwifruit），因为新西兰的国鸟是奇异鸟（Kiwi），而这毛茸茸的猕猴桃和奇异鸟恰好有几分神似。此后，以"奇异果"命名的猕猴桃经新西兰大力推介，被西方市场广为接受，以至于在很长时间内人们都误认为猕猴桃这种特别的新兴水果源于新西兰。新西兰培育的优良品种"海沃德"更是逐步占据了全球猕猴桃栽培面积的80%以上，狝猴桃产业逐渐成为新西兰的支柱产业。

图 3-20　狝猴桃

图 3-21　奇异鸟

　　狝猴桃原产于中国，却"墙内开花墙外香"。中国植物学家不甘其后，通过自己的努力，确立了中国在世界狝猴桃资源和科研上的优势和地位。在中国科学院武汉植物园中，有一个国家狝猴桃种质资源圃，从 20 世纪 70 年代开始，武汉植物园立足于中国丰富的野生资源，开展狝猴桃资源发掘、品种改良和技术创新。目前，这里已经收集了狝猴桃属中的所有种，通过不断地杂交改良，培育了大量食色俱佳的狝猴桃品种。这些成绩的取得凝结着几代狝猴桃科研人员的心血，他们开拓的道路和形成的模式值得农业科研同行借鉴。

　　狝猴桃产业在中国快速发展，为国家精准扶贫和乡村振兴战略的实施做出了重要贡献。湖南十八洞村、四川蒲江等地均建立了大型狝猴桃产业园，采摘的狝猴桃远销海外，助力乡村百姓脱贫致富。

一个基因储存的无限希望

一个物种的重要性，往往不是短时间内就能被发现的，物种的价值需要我们不断地从实践中去发掘。为了解决我国的粮食问题，科学家袁隆平找到了天然的水稻雄性不育株，成功培育出了杂交水稻。要知道，水稻雄性不育系植株在被发现前，看起来似乎就是一株杂草，但当它的价值被发现并得到利用后，为我国粮食安全和世界粮食供给做出了巨大贡献。

如今，人们越来越注重粮食安全，追求绿色有机食品。因此，培育出抗虫、不打农药的农作物势在必行。苏云金芽胞杆菌本是一种不起眼的细菌，但是科学家发现其在害虫防治中可以发挥重要的作用。苏云金芽胞杆菌能够表达出一种有毒蛋白，这种蛋白被敏感昆虫（特别是鳞翅目、鞘翅目昆虫）摄食后，可在昆虫体内肠蛋白酶的作用下溶解并被激活，释放出毒素，从而导致昆虫死亡。随着分子生物学的发展，科学家逐渐找到了深层次的原因，发现了苏云金芽孢杆菌表达有毒蛋白的基因——后来被称为 BT 基因。通过转基因技术，我们将这段基因转到农作物上，就可以培育出抗虫作物，比如抗虫水稻、抗虫棉花、抗虫玉米等。

图 3-22　绿色有机食品

由于人类对自然的破坏以及全球气候变化，生物多样性在逐渐下降，许多物种濒临灭绝。为了更好地保护物种、保存基因，科学家早就开始了规划。比如，科学家在距离北极点1000多千米的挪威斯瓦尔巴群岛上建立了一个全球种子库，希望能够把世界各地的植物种子保存在地下仓库里，以防因全球物种数量迅速减少而造成物种灭绝。目前，那里储存的种子样本已超过100万份。在著名植物学家吴征镒院士的倡议下，我国建立了自己的植物"诺亚方舟"——中国西南野生生物种质资源库。中国的种质资源库不仅包括种子库，还包括植物离体种质库、DNA库、微生物种子库、动物种质库、信息中心和植物种质资源圃。中国西南野生生物种质资源库是目前亚洲最大、世界第二大的野生植物种质库，将不断在全球生物多样性保护、生物产业发展中发挥重要作用。

图 3-23　不同种子的样本

图 3-24　斯瓦尔巴全球种子库

植物学家钟扬的故事

钟扬教授,生前担任复旦大学研究生院院长、生命科学学院教授、博士生导师。长期从事植物学、生物信息学研究和教学工作。他长期致力于生物多样性研究和保护,率领团队在青藏高原为国家作物种质库收集了数千万颗植物种子,为中国高原物种基因的保护奠定了坚实基础。

钟扬教授不仅收集种子,也致力于"播撒种子"。他援藏 16 年,为我国西部少数民族地区的人才培养、学科建设和科学研究做出了重要贡献。他曾经希望能够为每个少数民族培养一名植物学或生态学博士,他说:"一个基因可以为一个国家带来希望,一粒种子可以造福万千苍生。"

中国科学院院士、中国科技大学常务副校长潘建伟说:"钟扬教授一生奔走在收集和播撒种子的路上,把科学的种子种进了孩子们心里。"

2017 年 9 月 25 日,钟扬教授在内蒙古工作途中遭遇车祸,不幸逝世。2018 年 4 月,中央宣传部追授他"时代楷模"称号。

第 4 章

基因工程

在西班牙北部比利牛斯山脉的崇山峻岭中生活着一种比利牛斯山羊，它们在悬崖峭壁间行动敏捷，因此又被称为悬羊。然而，过度狩猎造成比利牛斯山羊的数量急剧减少，最后一只自然生育的比利牛斯山羊于 2000 年 1 月 6 日从悬崖摔落，重伤身亡。从此，世界上又少了一个物种。生物学家利用它的皮肤细胞进行克隆，2003 年 7 月 30 日，以最后一只比利牛斯山羊为原型的克隆羊诞生。这是人类历史上第一次将已经灭绝的物种复活，可惜的是，这只羊因为肺功能衰弱仅存活了 7 分钟，这也成了历史上首次一个物种灭绝两次的悲剧。

尽管最终的结果让人们感到失望，但这仍是生命科学发展进程中重要的一步，展现了生物技术的无限潜力。随着分子生物学的不断发展，人们迫切希望能够从基因的层面去揭示和解决更多的问题，而基因工程则给人类插上了实现梦想的翅膀。

科学家曾预言 21 世纪是生命科学的世纪，而基因工程研究是生命科学的前沿阵地。基因工程是对携带特殊遗传信息的分子进行设计和施工的分子工程技术。其核心是构建重组 DNA 的技术，因此，基因工程又称基因拼接技术和 DNA 重组技术。在这一章，我们将一起去揭开基因工程神秘的面纱。

"承包"一个基因工程都需要啥?

　　基因工程是对基因进行拼接和重组的技术。如果我们想得到具有抗虫特性的棉花,就需要在含有抗虫基因的 DNA 分子中将抗虫基因切割下来,然后组装到棉花基因中去。这个过程看起来很简单,但是在实际操作中,我们该如何剪切这个特定的 DNA 片段? 有适合的工具吗? 需要用什么来连接这个 DNA 片段? 接下来,让我们一起来看看基因工程的操作台上都有哪些工具吧!

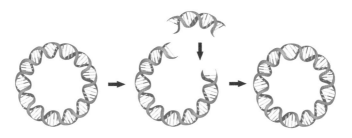

图 4-1　基因工程中基因拼接和重组的示意图

"手术刀"——限制酶

　　实施基因工程的第一步是获取目的基因,如抗虫基因。而用来切割 DNA 的"手术刀"就是限制性核酸内切酶(简称限制酶),它能够识别双链 DNA 中的特定序列,并切割、分离出该 DNA 片段,从而为进行 DNA 体外重组等操作提供基础,是十分重要的工具酶。

维尔纳·阿尔伯等人在 20 世纪 50 年代就已发现大肠杆菌具有对付噬菌体和外来 DNA 的限制性修饰系统，直至 60 年代后期才证明其中存在修饰酶和限制酶。前者往往用于给自身的 DNA 做标记，而后者则用于切割没有标记的外来 DNA。1970 年，约翰斯·霍普金斯大学的哈密尔顿·史密斯和肯特·威尔科克斯从流感嗜血杆菌中分离出第一种能够特异切割 DNA 的限制酶。研究表明，限制酶分布极广，人们几乎在所有细菌的属、种中都发现至少一种限制酶，多者在一属中发现几十种，例如在嗜血杆菌属中已发现的限制酶就有 22 种。

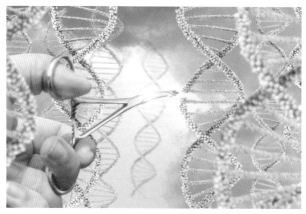

图 4-2　限制酶在基因工程中识别并切割特定 DNA 片段

一般来说，限制酶可以识别含有 4 ～ 6 个核苷酸的 DNA 序列，并切割其中特定的磷酸二酯键。例如，常见的限制酶 EcoRI 和 SmaI 识别的序列均含 6 个核苷酸。DNA 分子的双链结构经过

"手术刀"切割会产生两种切口形式：平末端和黏性末端。当"手术刀"从所识别的 DNA 序列的中轴线处切开时，切口是平整的，这样的切口叫平末端；当"手术刀"从序列的中轴线两侧交错切开时，形成的一长一短的切口则为黏性末端。

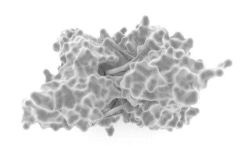

图 4-3　限制性核酸内切酶结构图

"针线"——DNA连接酶

实施基因工程的第二步是构建基因表达载体（即目的基因与运载体接合），这也是基因工程的核心。DNA 在进行重组的过程中，不可能直接接合，还需要其他力量的协助，就像手术后切口需要用针线缝合一样。在基因工程中，DNA 连接酶就是重要的粘

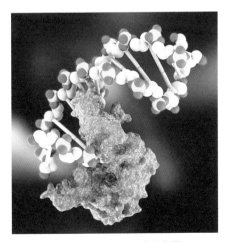

图 4-4　DNA 连接酶结构图

合剂，就像缝衣服用的针线，将两块布连接到一起。实验室常使用的 DNA 连接酶有两种：大肠杆菌 DNA 连接酶和 T4 DNA 连接酶。前者只可以将双链 DNA 互补片段黏性末端连接起来，而后者既可以"缝合"双链 DNA 互补的黏性末端，又可以"缝合"平末端。

不过，在实验过程中，平末端的连接效率往往很低，为了提高连接效率，科学家通常采用以下措施：在连接体系中提高 DNA 连接酶的浓度；提高 DNA 片段的浓度；加入浓缩剂，如聚乙二醇等；加入多胺化合物，降低 DNA 的静电排斥力；等等。

"运载车"——质粒

实施基因工程的第三步是将目的基因导入受体细胞。而外源目的基因通过什么方法进入细胞内呢？科学家们一般用质粒作为"运载车"，将基因运送到细胞内。质粒是一种裸露的、结构简单且具有自我复制能力的双链环状 DNA 分子。

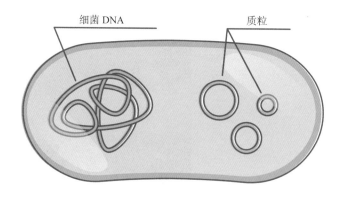

图 4-5 细菌染色体外的小型环状 DNA 分子——质粒

大家可能会觉得奇怪，这怎么和我们想象中的"运载车"不太一样？它就是一个环状的 DNA 小分子，能有这么大的作用吗？其实，别看质粒分子很小，它可蕴含着巨大的能量和无穷的奥秘呢！质粒具有独立的自我复制能力，并且含有许多的酶切位点，为外源目的基因的插入并与质粒自身的基因相连接提供了有利条件，就像是将目的基因"装载"到质粒这辆"运载车"上。在基因工程中，科学家们常用的"运载车"除了质粒以外，还包括噬菌体、动植物病毒等。科学家们会根据基因工程的不同需求，比如目的基因长短的差异等，来选择最合适的"运载车"。

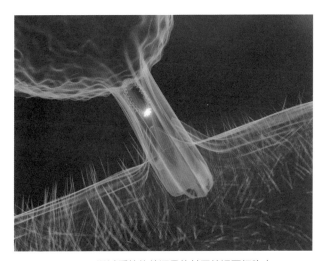

图 4-6　通过质粒将外源目的基因转运至细胞中

与所有的工程一样，工程竣工后的最后一步就是工程质量的检验，在基因工程中，最后一步工作就是检验目的基因是否成功导入目的细胞并能够成功表达。最直接的检测方式就是利用分子杂交技术来检测目的细胞中是否有目的基因转录的信使 RNA。在实验操作中，科学家们还会使用间接验证的方法。在目的基因"装车"前，科学家们会选择一段序列已知的 DNA 序列作为标记基因，将其与目的基因一同搭载到"运载车"上。如果能在目的细胞中检测到标记基因，也就代表着目的基因已成功导入。科学家们通常选择具有抗生素抗性的基因作为标记基因，通过抗原－抗体检验方法进行检验，比如选择抗四环素基因作为标记基因，在目的基因导入后用四环素来处理受体细胞，若无异常，则说明抗四环素基因已得到表达，也就代表着目的基因的成功导入。

基因工程的应用十分广泛，我们运用这项技术，不但可以培育优质、高产、抗性好的农作物新品种，还可以培育出具有特殊用途的动植物。更为重要的是，基因工程技术还可以广泛应用于医药研发、基因诊断和基因治疗。

转基因真的有那么可怕吗？

转基因技术一直是社会各界关注的热点话题，但是并非人人都了解转基因技术，人们对转基因产品常常存在误解，原因在于不了解其原理。下面，让我们一同去了解什么是转基因技术，什么是转基因食品，我们又应该如何辩证地看待转基因技术。

转基因技术 —— 现代生物科学进步的产物

　　转基因实际上就是通过人为的手段，将一种生物的一个或几个已知功能的基因转移到另一种生物体内"安家落户"，通过外源基因的稳定遗传和表达，达到遗传改良和品种创新的目的。转基因也指通过干扰或抑制基因组中原有某个基因的表达，去除生物体中某个我们不需要的特性。转基因技术其实跟人们常提到的"遗传工程""基因工程""遗传转化"是近义词。

　　通过转基因技术，我们不仅可以获得具有优良特性，诸如抗病毒、抗细菌、抗真菌、抗虫、抗旱、抗盐碱的粮食作物，提高粮食产量，还可以提高植物的营养价值或控制果实成熟的时间。不仅如此，这一技术还可以用于医药生产，如利用转基因微生物发酵生产胰岛素、抗生素等。在理论上，很多领域都可以用到转基因技术。可以说，转基因技术是现代生物科学进步的产物，对人类社会发展产生了深远的影响。

图 4-7　转基因植物、转基因动物和转基因食物

正确看待转基因技术

转基因技术应用于社会各个领域，较为常见的是转基因生物和转基因食品。转基因生物是指经转基因技术修饰的生物体，常被称为"遗传修饰过的生物体"（Genetically Modified Organism，简称 GMO）。而人们"谈转色变"，担忧较多的是转基因食品。转基因食品是指利用生物技术改良的动物、植物和微生物所制造或生产的食品、食品原料及食品添加物等。

实际上，在转基因作物走向市场前，研究人员要通过大量实验对其进行风险评估，只有符合要求的作物才能进入市场。

世界卫生组织、国际粮农组织、美国食品药品管理局、欧洲食品安全局、中国农业农村部等都明确表示，通过安全评价且目前允许上市的转基因食品，其食用风险不比普通食品高，可以放心食用。国际上对于转基因动植物及其产品的研发和使用有严格的管理方法。我国对于转基因研究和转基因食品也有完善的法律法规，目前的转基因安全管理与运行机制可以保证我们的转基因食品的安全性。这些食品在上市前，都已经通过了食品安全性评价。

转基因技术给我们带来了很多机遇，是生物学家重要的工具。我们需要正确看待转基因技术，技术本身没有错，关键在于掌握了技术的人怎样去使用它。

转基因小贴士

1. 我国常见的转基因食品有哪些?

我国市场上的转基因食品,主要为转基因大豆油、转基因菜籽油、转基因番木瓜以及用转基因大豆和转基因菜籽为原料制成的调和油。

2. 虫子吃了抗虫转基因作物会死,人吃了会不会有影响?

抗虫转基因作物产生的杀虫物质只对肠道中具有特定受体的部分昆虫起作用,而人类的肠道中没有这种受体,所以对人类而言是没有安全问题的。因此,"虫子吃了会死,人吃了一定也有害"这种说法是不科学的。

3. 人在食用转基因食品后,自身基因会改变吗?转基因会继续"转移"吗?

所有的食品,不论是转基因还是非转基因,都含有许多基因。而基因通过食物进入人体后,会在消化系统的作用下降解成小分子,不会以基因的形态进入人体细胞,更不会影响人体自身的基因组成。

4.国际上是如何进行转基因食品安全性评价的?

国际上通常依据国际食品法典委员会(CAC)制定的一系列转基因食品安全性评价指南开展食品安全性评价,评估转基因食品的毒性、过敏性、营养成分等,只有通过食品安全性评价的转基因食品才能上市。

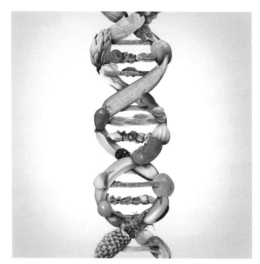

图 4-8 转基因食品概念图

基因"魔剪"——CRISPR-Cas9

　　近年来，分子生物学领域又出现了一种新的技术，叫基因编辑。基因编辑技术能够让人类对目标基因进行定点"编辑"，实现对特定 DNA 片段的"修剪"，这对于一些遗传病的治疗将会有极大的促进作用。而在基因治疗中，CRISPR-Cas9 系统就像一把有魔力的剪刀，让许多的不可能变为可能。

CRISPR-Cas9——21世纪最大的生物技术发现之一

一看到 CRISPR-Cas9 这一串复杂的英文字母，你可能会有一点发怵，其实仔细了解它后，就会惊叹于它的神奇。CRISPR-Cas9 系统为科学家开辟了一种简单又高效的基因编辑方法，因此它也被称为 21 世纪最伟大的生物技术发现之一。这一基因编辑工具革新了实验室的研究技术，加速了疾病治疗研究和药物研发的进程。

早在 1987 年，日本科学家石野良纯就在大肠杆菌的 DNA 中偶然发现一种特殊的重复 DNA 序列。在随后的十余年中，这种高度保守的重复序列在多种细菌、古生菌中不断被发现，而且也只在细菌和古生菌中存在，这些序列被称为成簇规律间隔短回文重复序列（Clustered Regularly Interspaced Short Palindromic

图 4-9　CRISPR-Cas9 基因编辑复合物 3D 渲染图

Repeats，简称 CRISPR）。同时，在 CRISPR 附近的位点上，科学家还发现了多个 Cas 基因。然而，CRISPR 的作用却一直没有被研究清楚，直到最近的十几年，科学家才逐渐发现 CRISPR 的重要作用。病毒入侵细菌时，本打算借助细菌内的各种"工具"和"材料"服务于自己基因的复制，但未曾想到细菌非常聪明，进化出了 CRISPR-Cas9 系统，不动声色地就把病毒基因从自己的染色体上切除。在病毒第一次入侵细菌时，细菌就捕捉到病毒的一部分基因片段，将其整合到自身基因组的 CRISPR 的间隔区域，并作用在 Cas9 上。当病毒再次入侵细菌时，Cas9 蛋白利用从病毒处得到的 DNA 片段序列，转录并制造出对应的 RNA 序列，即向导 RNA，该向导 RNA 识别病毒基因组的同源序列后，介导 Cas 蛋白进行结合并精准切割病毒基因，从而保护自身免受病毒入侵。正因 CRISPR-Cas9 具备这种精准打击的能力，科学家据此发展出精准改变生物基因的技术，即 CRISPR-Cas9 基因编辑技术。

CRISPR-Cas9精准编辑基因

其实，CRISPR-Cas9 的功能类似于办公软件 Word 中的"查找和替换"，可以查找遗传数据，用新的基因序列替换它。帮助 CRISPR-Cas9 完成其工作的还有三个关键"助手"：第一个就是向导 RNA，它可被用于在目标基因片段上查找想要编辑的 DNA 片段，类似"查找"功能。第二个就是 Cas9 蛋白，它是一种核酸酶，可在向导 RNA 的准确带领下，精确剪掉需要去除的 DNA 序列。第三个就是需要在前面已经完成剪切的位置插入一个新的基因，形成一个新的完整的 DNA 序列。

来自美国麻省理工学院和哈佛大学研究所的张锋博士用童谣描述了 CRISPR：

"Twinkle Twinkle Big Star → Twinkle Twinkle Little Star"

我们一起来仔细观察，在这个过程中：向导 RNA 定位错误或突变基因——单词"Big"，Cas9 酶切除"Big"一词，插入正确的 DNA 片段——单词"Little"，从而构建了一个新的序列。

自 CRISPR 被发现以来，其应用的领域日趋扩大。2017 年，英国《自然·通讯》（*Nature Communications*）杂志发表了一项遗传学重要研究成果：科学家利用 CRISPR-Cas9 系统基因组编

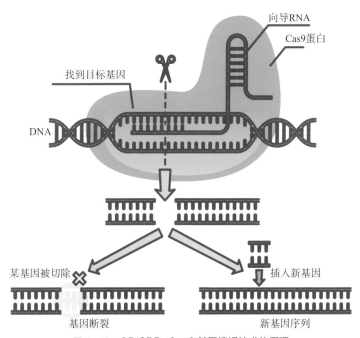

图 4-10 CRISPR-Cas9 基因编辑技术的原理

辑方法阻止了小鼠视网膜退化,从而拯救了失明小鼠。以色列的科学家还通过 CRISPR-Cas9 技术操控小鼠的出生性别比例,让试验小鼠几乎只能生出雌性小鼠。

图 4-11　科学家通过基因编辑成功操控了出生小鼠的性别

CRISPR-Cas9 技术还广泛应用于药物研究。目前药物的研发需要花费很长时间,为了确保药物的安全性,研发人员需要彻底了解药物的副作用。而 CRISPR-Cas9 系统可以为患者提供治疗的新方法。例如,单基因遗传病(由单一基因突变引起的疾病)中的 β-地中海贫血或镰状细胞性贫血,可以通过 CRISPR-Cas9 技术完成离体治疗(分离患者的血细胞,利用 CRISPR-Cas9 技术治疗再将其放回到患者体内)。

CRISPR-Cas9 基因编辑技术被证实在农业研究领域具有发展前景。美国冷泉港实验室运用 CRISPR-Cas9 技术编辑与番茄大小、形状、分枝结构以及所含营养素相

图 4-12　科学家运用 CRISPR-Cas9 基因编辑技术改造番茄基因

关的基因，从而提高番茄的产量和营养价值，改善番茄的风味。

　　CRISPR-Cas9 技术看似"无所不能"，但任何事物都具有两面性，我们应该辩证地看待这一新技术。CRISPR-Cas9 技术目前仍存在较多的局限性，比如完成 CRISPR-Cas9 基因编辑后偶尔会有非预期的效应，这些未知或不确定的变量还需要进一步研究。

图 4-13　辩证看待 CRISPR 技术

生物安全与伦理道德

　　生物技术是一把双刃剑，一方面，我们可以利用它造福人类，另一方面，不当的使用也可能给人类带来灾难。

关注生物安全，筑牢生物安全防线

生物安全一般是指由现代生物技术开发和应用对生态环境和人体健康造成的潜在威胁，以及对其所采取的一系列有效预防和控制措施。纵观全球，国际生物安全形势也正从温和可控转向相对严峻状态，生物安全受到各国高度关注。20 世纪 50 年代，环境污染导致的水俣病，使数万人深受其害；2009 年，甲型 H1N1 流感造成6000 余万人感染，27 万余人住院治疗；2014 年，埃博拉病毒造成数百亿美元的经济损失；2016 年，寨卡病毒蔓延至全球 41 个国家，患者超过 150 万人。2020 年，新型冠状病毒肺炎疫情暴发，导致全球上亿人感染和上百万人死亡……这一个个触目惊心的事件，已经为我们敲响生物安全的警钟。

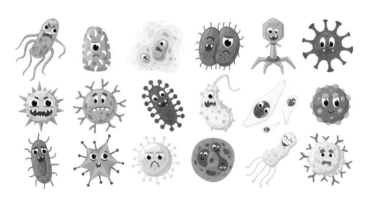

图 4-14　各种各样的细菌和病毒

在生物技术快速发展的今天，由其导致的潜在威胁是我们在未来需要重点关注的。比如，应在使用基因编辑技术和转基因技术的实验中严格防止实验材料外泄流入自然中，否则后果将不堪设想。就像电影《猛鼠食人城》（Food of the Gods）中的场景，一只老鼠吃了教授用于实验的番茄——这个番茄被注入了大量的生长素，之后老鼠开始变得巨大。在一个夜晚，来实验室捣蛋的几个学生不小心打开了笼子，老鼠逃逸且体型变得越来越大，给整个城市带来了灾难。虽然电影中的场景有些夸张，但是如果这种事情真的发生，后果往往会更加严重。

除了上述突发传染病疫情、生物技术隐患等，我们还面临很多生物安全威胁。2021 年 4 月 15 日，《中华人民共和国生物安全法》正式施行，这是我国国家安全治理体系和治理能力现代化进程中的一件大事。

坚守科技伦理底线，负起社会责任

爱因斯坦曾说："科学是一种强有力的工具，怎样用它，究竟是给人带来幸福还是带来灾难，全取决于人自己，而不取决于工具。"随着当今的转基因、干细胞、克隆、基因诊断和治疗等技术的不断发展，从来没有哪个学科能像当前的生物科学这样对人类社会既存的伦理观念与准则提出挑战。

为了更好地应对人类基因组研究可能带来的问题，"人类基因组计划"专门成立了伦理学委员会。原国家卫计委也成立了专门研究生命伦理学的机构——医学伦理专家委员会。2020 年 10 月 21 日，中国正式成立国家科技伦理委员会，促进了科技伦理审查、监督、治理等体系的完善。人类发展科技的本意是增进对自然的认知，促进社会发展，而科技伦理就是保障科技沿着正确的轨道发展的价值观念和行为规范。国家科技伦理委员会的成立不仅是对已有科技伦理问题的规范和监督，更是对新兴技术带来的伦理问题的前瞻性布局。

图4-15 坚守科技伦理底线

科技伦理是人类社会伦理在科技领域的拓展延伸，是开展科学研究和技术开发等科技活动需要遵循的价值理念和行为规范。科学探索是永无止境、没有边界的，而伦理是价值判断，是为科学设置边界的。然而，科技伦理并不是要阻碍科学的探索和创新，而是前瞻性地研判科技发展带来的规则冲突、社会风险和伦理挑战。只有让科技发展与科技伦理互相促进、共同发力，科技才能更好地为人类创造更多的物质财富和精神财富。

加强科技伦理治理

2022 年 3 月，中共中央办公厅、国务院办公厅印发《关于加强科技伦理治理的意见》，提出了"伦理先行、依法依规、敏捷治理、立足国情、开放合作"的治理要求。科技活动应坚持以人民为中心的发展思想，有利于促进经济发展、社会进步、民生改善和生态环境保护。科技活动应最大限度避免对人的生命安全、身体健康、精神和心理健康造成伤害或潜在威胁，尊重人格尊严和个人隐私，保障科技活动参与者的知情权和选择权。科技活动应客观评估和审慎对待不确定性和技术应用的风险，力求规避、防范可能引发的风险，防止科技成果误用、滥用，避免危及社会安全、公共安全、生物安全和生态安全。

《关于加强科技伦理治理的意见》是我国首个国家层面的科技伦理治理指导性文件，也是继国家科技伦理委员会成立之后，我国科技伦理治理发展的又一里程碑。

第 5 章

模式生物

　　生命不息，探索不止，大千世界中有无数光怪陆离的生物静待着我们去探索。有些生物虽看似柔弱，却似长夜中的灯火，为人类在生命奥秘的探索之路上指引方向。这些生物搭建起人与生命奥秘之间的桥梁，引领我们走进生命科学的奇妙世界，它们就是科学探索之路上的模式生物。

　　这一章，我们将介绍生命科学实验中常见的模式生物，了解选择它们的原因，以及科学家通过它们所获得的科研成果。当然，更为重要的是，通过了解和认知它们，向生命致敬。让我们怀着敬畏之心前行，共同探索科学之路。

为什么要选择模式生物？

　　在生物学的研究中，我们经常会看到"模式生物"这个词，那么，模式生物到底是什么？为什么很多生物学的实验都要选择一种模式生物呢？要了解这些问题，我们首先要知道什么是模式生物。

　　在科学研究中，生物学家往往会优先选择一些比较容易观察的生物作为研究对象，通过观察它们生命活动的特点，来揭示或者推理某种具有普遍规律的生命现象，这些被选定的生物物种就是模式生物。这就好比我们在网上买衣服时，由于时空的限制，我们没法知道衣服是否合身。这时候，我们就需要参考模特穿着这件衣服的效果，这个模特的身高、体重、三围是我们已知的，

图 5-1　植物实验中常用的模式生物——拟南芥

所以通过观察这个模特穿这件衣服的情况，再对比自己的实际身材，我们就大致知道自己是否适合穿这件衣服。这个场景中的模特就相当于实验中的"模式生物"。由于同种生物或者相似的生物之间总会有很多共同特征，所以通过观察模式生物在特定条件下的表现，我们就可以推测其他生物在同样条件下的反应特点。

需要注意的是，利用模式生物推断出的结果，可能和其他生物真实的情况有一定的差异，这是生物之间存在不同之处导致的。这就好似同一件衣服，不同的人穿总是有一些差别的。

图 5-2 动物实验中常用的模式生物——斑马鱼

知道什么是模式生物后，我们还要讨论一个核心问题：为什么生物学研究要选择模式生物？

人类创造了科学，科学也造福于人类。目前，很多热门的生物学研究都跟医学有关，目的是为人类治疗疾病。所以，在此类研究中，我们选择模式生物时会考虑它和人类的相似性。

几乎所有的生物实验都存在极大的不确定性和未知的危险，

因此我们不可能直接用人做实验，必须先建立生物模型，通过科学实验来论证某些药物或治疗手段的有效性和安全性。只有在有效性和安全性得到一定的保障后，这些药物和治疗手段才可能进入临床试验，也就是开始被用于治疗患者。如果它们的疗效很好，且是安全可控的，才会得到大规模推广。

图 5-3　老鼠经常被用于药物和治疗手段研究

因此，在研究癌症、糖尿病、高血压等疾病时，基于有效性和安全性等因素的考虑，我们必须首先选择模式生物进行实验。例如，我们在研究糖尿病的治疗方法时，想要知道静脉注射胰岛素是否有效，可以选择模式生物，建立生物模型。通过多次实验，明确注射胰岛素是否能够治疗模式生物的糖尿病，由此分析其用于人体可能产生的效果。通过生物模型，我们确定注射胰岛素可以治疗模式生物的糖尿病后，才把这种方法用于临床治疗。直到今天，这种研究方式还是药物和治疗手段研究中最常用的方法。

除了考虑与人类的相似性，我们选择模式生物时还要考虑到对此类生物的了解程度，对其进行科学实验操作是否简单，选定的模式生物能否代表这一类生物等因素。例如，在研究细菌耐药性时，科学家就会选择大肠杆菌作为模式生物。这种细菌不仅容易培养，操作起来技术简单，最关键的是科学家已经对它开展过海量的研究，已经较为清楚地知道它的生命周期和遗传信息了。

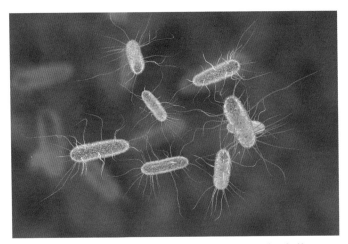

图 5-4　研究细菌耐药性时常见的模式生物——大肠杆菌

此外，模式生物还应具有遗传背景清楚、实验中便于观察、表现型多样、繁殖速度快、生命周期短等特征。例如，果蝇就是因为有以上特征而被选定为遗传实验的模式生物。如今很多生物学成果都是通过对果蝇的研究获得的，其中最知名的就是遗传学的第三定律——基因的连锁和交换定律。

既然模式生物如此重要，那么科学家怎样选择合适的模式生物呢？

其实，科学家在选择模式生物的时候，主要考虑下面三点。

一是这种生物的生理特征要能够代表生物界某一大类群，同时还有利于回答研究者关注的问题。例如，大肠杆菌作为模式生物可代表微生物。科学家利用大肠杆菌研究发现了 DNA 是遗传物质，并且解析了遗传密码等重大科学问题。

二是模式生物繁殖速度要快，数量要多，并且易于在实验室饲养繁殖、遗传背景清楚。果蝇是遗传学研究的最佳材料，其繁殖速度快、数量多且易于在实验室饲养，加之果蝇遗传信息简洁、清楚，更有利于其作为模式生物发挥作用。

三是容易进行实验操作，特别是遗传操作和表型分析。简单来说就是要便于实验，容易观察，且生物学特征明显而多样。

根据这三个特征，你认为还有哪些生物可以作为模式生物？

拟南芥的“逆袭”之路

拟南芥又名鼠耳芥、阿拉伯芥、阿拉伯草，与油菜、萝卜、卷心菜等同为十字花科植物，向下细分为鼠耳芥属。拟南芥作为一种草本植物广泛分布于欧亚大陆和非洲西北部。在我国的内蒙古、新疆、陕西、甘肃、西藏、山东、江苏、安徽、湖北、四川、云南等省区均有生长。拟南芥早先是一种名不见经传的小草，既

图 5-5　拟南芥插画绘图

不好看、也不好吃，看似对人类毫无经济价值。

既然拟南芥这么"卑微"，它又是如何"逆袭"，被植物学家宠上天的呢？长期以来，科学家一直希望在植物中找到像黑腹果蝇那样繁殖快、易于在实验室培养、适于遗传操作的实验材料，进而从根本上改变植物遗传学研究周期长、难度大的困境。经过长期的观察和实验，科学家发现拟南芥就具备这些特点，于是它的价值开始得到重视，并很快成为用于各种植物研究实验的模式植物。

拟南芥最早被人关注是在 1873 年，亚历山大·布朗第一次用文献记录了拟南芥的突变体。然而作为一种不起眼的小草，拟南芥的"成名"之路异常艰难，从被发现到成为"科研明星"，经历了一个多世纪。

出现文献记录后，植物学家和生物学家在 20 世纪初期开始研究拟南芥。1905 年，德国科学家莱巴赫的研究课题是观察和分析植物的染色体数目，在许多备选的实验材料中，拟南芥被"幸运地"选中。莱巴赫在研究过程中发现，拟南芥只有 5 对染色体，是当时已知的染色体数目最少的一种植物。他的研究成果于 1907 年发表，可是并没有引起人们的关注。但这位德国科学家从此对拟南芥产生了浓厚的兴趣，他在 1930 年至 1950 年间和同事在世界各地采集了 150 多种不同类型的拟南芥，并将种子分类妥善保存。莱巴赫还发文指出了拟南芥用于科学研究的优势，如容易种植、基因组小、生活周期短、种子数量多、可用于杂交和诱变等，并首次提议将拟南芥作为模式植物。可是，当时的学术界对此视而不见。

图 5-6　拟南芥的花

　　之后，先后有一位匈牙利科学家和一位荷兰科学家继续对拟南芥进行研究，他们得出了和莱巴赫一样的结论，即认为拟南芥适用于科学研究，并呼吁将其作为模式植物，但是依然没有得到足够的重视。

　　直到 1985 年，多项关于拟南芥的研究成果相继问世，拟南芥在遗传学研究方面的优势才被科学界普遍认可，科学界一致同意将拟南芥作为模式植物。至此，经过科研人员将近百年的奋斗，拟南芥作为一种模式植物，开启了其辉煌的"学术生涯"。

图 5-7　实验中的拟南芥植株

1996 年，作为一种模式植物，拟南芥被选中进行基因组的测序和注释。2000 年，拟南芥成为第一个基因组被完整测序的植物。但由于当时技术的限制，基因组中高度重复的区域的组装一直未能完成，特别是着丝粒、端粒和核糖体中的 DNA 重复序列。直到 2021 年，科学家们通过牛津纳米孔技术（Oxford Nanopore Technology，简称 ONT）超长读测序，才成功组装了拟南芥 5 条染色体着丝粒全序列的基因组，并揭示了着丝粒进化的遗传和表观遗传特征。

在当今的植物学、遗传学、分子生物学、细胞生物学等领域的研究中，拟南芥一直扮演着十分重要的角色，许多重大的研究发现，特别是一些基因的发现及验证，多是基于拟南芥开展的。现在，科学家要研究某一课题时，先想到的往往是"这在拟南芥中是怎样的"。由此可见，拟南芥在生命科学研究中具有重要地位。

图 5-8　不同生长时期的拟南芥

　　作为模式植物的拟南芥为人类认识某些疾病的发病机理提供了重要帮助。科学家从对拟南芥基因的研究中得到启示，发现了多种与人类疾病如癌症、阿尔兹海默症等密切相关的致病因子。

　　2016 年，拟南芥与水稻一起被科学家选中，作为实验生物随中国的空间站——"天宫二号"空间实验室一同进入太空。

　　拟南芥作为植物界的科研排头兵，将继续为我们打开更多有关生命奥秘的大门，为人类在疾病治疗和农业生产方面提供更多的帮助。

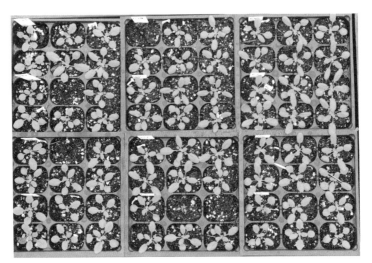

图 5-9　实验栽培的拟南芥

纵观拟南芥的"逆袭"之路可知，科学的发展并不是一帆风顺的。在这个过程中，我们总会遇到许许多多的阻碍，也会产生迷茫和失落，但是科学探索从未停止，人们的努力也不会付之东流。

图 5-10　科学探索永无止境

科学家为什么钟爱"Fruit fly"？

　　Fruit fly, 直译为"会飞的水果"。这是个什么东西？奇怪的是，科学家都特别钟爱这个"会飞的水果"。"Fruit fly"其实就是果蝇，是一种十分常见的小飞虫，它们经常在各种动植物残渣周围活动，并不讨人喜欢。相信你也一定见过它们，只是不知道这些小家伙就是果蝇。果蝇到底长什么样子呢？让我们一起来认识一下它吧！

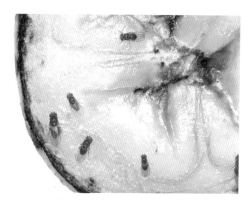

图 5-11　香蕉上的果蝇

　　果蝇是节肢动物门昆虫纲的一种小动物，体型较小，身长1.5～4毫米。果蝇最主要的特征是具有一双硕大的红色复眼，虫体颜色多以黄褐色为主，但偶尔也有黑色的个体。从形态上就很容易区分果蝇的雌雄——雌性体长一般2.5毫米左右，雄性较之更小。雄性果蝇有深色后肢且腹部有黑斑、前肢有性梳，而雌性果蝇没有。

图 5-12　雄性果蝇（左）和雌性果蝇（右）

果蝇广泛地存在于全球温带及热带气候区，由于其食物主要为酵母菌，而腐烂的水果最容易滋生酵母菌，因此在人类的栖息地（果园、菜市场等）内皆可见其踪迹。目前已经有 1000 种以上的果蝇物种被发现。

其中，黑腹果蝇（如无特殊说明，下文提及的果蝇都是指黑腹果蝇）是被人类研究得最多的一种果蝇，也是生物学家最钟爱的理想实验材料之一。从查尔斯·伍德沃斯提出利用该物种作为模式生物的建议开始，黑腹果蝇就被广泛用于遗传学、生理学和与生命历史进化相关的生物学研究。截至目前，至少已有 8 次诺贝尔奖颁发给使用果蝇进行研究而获得重大成果的科学家。那么，为什么科学家这么喜欢黑腹果蝇这种昆虫呢？

前面我们提到了模式生物的很多特征，而果蝇之所以受到科学家的青睐不仅是因为它具有这些特征，还因为它有一些其他生物所没有的优势。第一，果蝇体型小，体长不到半厘米，一个牛奶瓶里可以养育成百只。第二，果蝇饲养管理容易，既可喂以腐烂的水果，又可饲以培养基。第三，果蝇繁殖系数高，孵化快，其卵只要 1 天时间即可孵化成幼虫，2 ～ 3 天后变成蛹，再过 5

天就羽化为成虫。果蝇从卵到成虫只要 10 天左右时间，一年就可以繁殖 30 多代，而且一只雌果蝇一生能产下 300 ～ 400 个卵，因此研究人员可以快速得到足够数量的果蝇作为实验材料。第四，果蝇的染色体数目少，仅 3 对常染色体和 1 对性染色体，便于分析。作遗传分析时，研究者只需用放大镜或显微镜一个个地观察、计数就行了，从而使得分析效率大大提升。

和其他小动物相比，果蝇的性状表型极其丰富，有较多的突变类型，并且有很多易于诱变分析的遗传特征，这也是果蝇在遗传学中具有重要地位的一个主要原因。果蝇经常用于遗传学筛选的标记性状有其复眼性状（如白眼、红眼、朱砂眼、墨黑眼、棒眼等）、翅膀（如长翅、小翅、卷翅、直翅等）、体色（如黑体、

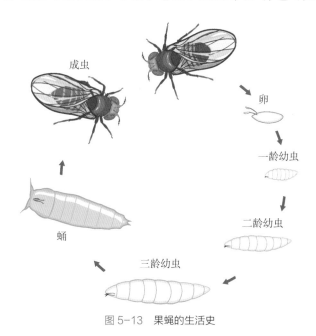

图 5-13　果蝇的生活史

黄体、灰体等）。果蝇如此多样的表型，为遗传学家开展杂交实验提供了丰富的亲本组合。

　　科学家钟爱果蝇，而果蝇也为生物学做出了不可磨灭的贡献。1910 年，著名的遗传学家托马斯·亨特·摩尔根开始在实验室内培育果蝇并对它进行系统研究，此后很多遗传学家都开始用果蝇做研究并且取得了很多遗传学方面的成果，比如经典的伴性遗传现象、基因的连锁和交换定律等。1933 年的诺贝尔生理学或医学奖授予了摩尔根，以表彰他在染色体研究方面所做出的杰出贡献。1946 年，摩尔根的学生米勒因证明 X 射线能使果蝇的突变率提高150 倍，也获得了诺贝尔生理学或医学奖。

图 5-14　白眼果蝇

图 5-15　短翅果蝇

　　近年来，果蝇在疾病治疗研究方面为人类提供了很大的帮助。由于在遗传学上与人类存在很多相似性，果蝇被用作构建多种肿瘤的模型，用于研究人类肿瘤的发生、发展、转移等分子机制。有的科学家把果蝇用于癌症药物筛选，并且通过筛选，已经找到了一些很不错的候选药物。也许在不久的将来，这些药物就可以直接用于治疗各种癌症，从而挽救无数人的生命。

图 5-16 　实验室中喂养的果蝇

华丽转身的小白鼠

　　一提到老鼠，大家肯定都会想到"老鼠过街，人人喊打"的民间俗语。看来，老鼠自古以来都不讨人喜欢。

　　然而，从科学家的视角来看，老鼠并没有那么讨厌，反而还有那么点可爱。从分类学家的角度来看，老鼠是属于动物界脊椎动物门哺乳纲啮齿目鼠科的小动物。全世界鼠类大约有 500 种，在这么多种鼠类里面，有一种深受生物学家的钟爱，那就是小白鼠。

　　小白鼠是野生鼷鼠的一个变种，实验室常用的小白鼠都是经过人们定向培育的特殊品种。"小白鼠""小黑鼠"只是俗称，小鼠品系繁多，并不能仅通过毛色来区分。不过，因小白鼠作为实验动物的形象实在太深入人心，学者都喜欢用"小白鼠"来统称实验鼠。小白鼠之所以能够成为科学家喜爱的动物，是因为它有独特的优势。

小白鼠的独特优势之一就是它的身体结构，通过对小白鼠的解剖研究，我们可以发现小白鼠的身体结构和人类的身体结构相似度竟然可以达到 90%。而且小鼠基因与人类基因高度同源，99% 的人类基因在小鼠基因组中都能找到相应的基因。当然，大猩猩或者猴子这些灵长类动物肯定是与人类更为相似的，但是相较于灵长类动物，小白鼠具有更多适用于科学研究的特点。

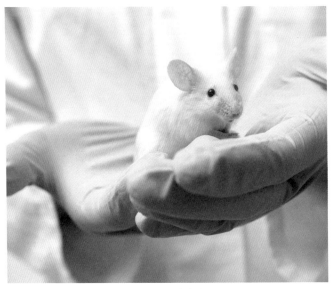

图 5-17　小白鼠

小白鼠生育力极强，50 天即可达到性成熟，全年可繁殖。寿命为 2～3 年。雌鼠属全年、多发情性动物，其性周期为 4～5 天，妊娠期 19～21 天，哺乳期 20～22 天，每胎产仔数为 8～15 头，一年产仔胎数 6～10 胎。刚出生的小鼠宝宝全身粉红无毛，体重只有 1 克左右，和糖豆差不多大，眼睛和耳朵都是闭着的。

小白鼠特别容易饲养，不挑食，几乎什么都吃，哪儿都可以住，这也降低了将其作为实验材料培养的难度。不过，为了满足实验需要、保证实验顺利进行，人工饲养的小白鼠一般只能吃特定的鼠粮。

图 5-18　实验室中喂养的小白鼠

早在 16 世纪，英国生理学家威廉·哈维就开始利用小白鼠来研究人体中的血液循环。几百年来，人类不断对小白鼠进行研究和实验，小白鼠也成了科学家信赖的重要模式生物之一。

超过 90% 的动物实验都是基于小白鼠进行的。它们常常被用于医药研发和生产、外科手术练习等方面，涉及医学及生命科学的多个领域。

在药品检验方面，小白鼠可谓功不可没。对于新研制出来的药物，研究人员必须先用小白鼠检验其中是否含有对人类有害的成分，不能直接将其试用在人的身上。研究人员往往通过不同的方法让药物进入小白鼠体内，最常用的是静脉注射，大多采用尾静脉注射的方式，即把针打在小白鼠尾巴的静脉处以注入药物。此外，还可以将药片研成粉末，直接给小白鼠灌服。研究人员通过观察小白鼠的身体状况及生理代谢指标来判断药效以及了解治病机理。

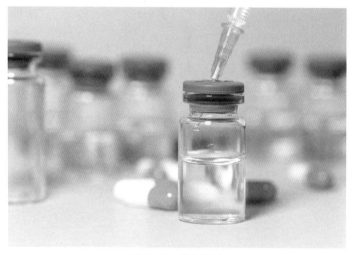

图 5-19　药物注射

通过对小白鼠的实验，许多科学领域都取得了重大突破。众多治疗癌症的药物研究几乎都会利用小白鼠进行实验。在 2018 年，一种新型肿瘤药物通过小白鼠实验被开发出来，美国免疫学家詹姆斯·艾利森和日本免疫学家本庶佑也因此而荣获诺贝尔生理学或医学奖。

2010 年，科学家发现了一种能够延年益寿的药物，并对这种药物进行了小白鼠实验。小白鼠在摄取这种药物后，看起来激情四射、充满活力，而且肌肉协调能力有所提高，更重要的是，小白鼠的寿命确实因此延长了一年左右的时间。

这里提到的小白鼠的贡献只不过是冰山一角，器官移植模型、心血管疾病模型、毒品成瘾模型、流感模型等实验模型的建立也都离不开它的参与。

虽然小白鼠看起来是那么不起眼，甚至被一些人讨厌，但是通过上述内容，相信你会对它有全新的认识。

"美猴王"，展现你的神通吧

在我国古代四大名著之一《西游记》中，"美猴王"孙悟空的形象深入人心，他手持金箍棒，脚踏筋斗云，神通广大还会七十二变，降妖伏魔，护送唐僧西天取经。虽然我们遇不到故事中的"美猴王"，但在科研领域，"美猴王"的形象来源——猴展现着它的"无限神通"。

图 5-20 "美猴王"孙悟空

　　猴是一个俗名，灵长目中的很多动物都可以被称为猴。世界上最小的猴是狨猴，因为它长大后身高只有 10 ～ 12 厘米，体重 80 ～ 100 克，大小和成人的拇指差不多，所以也被称为拇指猴。它主要分布在巴西的东北部热带雨林中。世界上体型最大的猴是山魈，成年雄性山魈的体长可达 78 厘米，尾巴短到可以忽略不计，体重能够达到 25 千克，主要分布在非洲地区。

图 5-21　狨猴

图 5-22　山魈

与小白鼠相比，无论是在形态特征方面，还是在基因和生理功能上，猴与人类都有更多的相似之处。模式动物实验是病理研究、新药研发及治疗方法验证的基础，对人类医疗发展至关重要，因此选择怎样的模式动物十分关键。许多特定的实验，如对人脑结构和功能的研究中，只有灵长类动物的心理和物理反应比较接近人类，而且其行为和生理结构也与人最接近。

另外，在一些对人类生命健康有重大威胁的突发事件发生时，人们需要快速、准确地解决应急科学问题，此时选择与人最相似的猴进行实验就显得十分重要。比如，在 2003 年 SARS 疫情暴发之时，研究人员就用猴进行了 SARS 病毒灭活疫苗的动物实验。

猴的种类虽然很多，但是真正适合用于科学研究的并不多。一般来说，恒河猴和非洲青猴比较适合作为模式动物进行实验研究。因为这两种猴的猴群数量较大，易于管理，它们的生殖周期相对于猿也较短。

猴在模式动物中有着不可替代性，在很多方面都比果蝇和小白鼠等有优势。到现在为止，猴已经在脑科学、生理学、遗传学、心理学等方面对人类的科学研究做出了巨大的贡献。

如果将来人类想要移居太空，就需要在进行太空探索的早期，弄清太空飞行对人类生理机能的影响，以及验证飞行器的生命保障功能，所以将猴送上太空的实验有很重大的意义。1961 年，美国对一只名为哈姆的猴进行了大量训练，并将它送上了太空。它在太空旅行时，必须完成一系列任务，比如拉杠杆。最终，哈姆安全返回地球。任务结束后，哈姆去了两个不同的动物园，直到1983 年死亡。

图 5-23　恒河猴

图 5-24　非洲青猴

图 5-25　在太空中旅行的猴的插画

　　生命科学的研究总是在不断前进，自从 1997 年"多莉羊"体细胞克隆成功后，人类就打开了一扇新的窗户。此后，许多哺乳类动物如马、牛、羊、猪等大型家畜的体细胞克隆相继获得成功。然而，与人类最为相近的非人灵长类动物的体细胞克隆，却一度成为世界难题。这一难题在 2017 年 11 月 27 日终于得到解决，世界上首个体细胞克隆猴"中中"在中国科学院神经科学研究所、脑科学与智能技术卓越创新中心非人灵长类平台诞生；同年 12 月 5 日，"中中"的妹妹"华华"也顺利诞生。这项研究成果，引起了中外媒体和科学界的高度关注，被国际生物界评价为近 20 年来全球生物科技里程碑式突破。由于克隆猴与人类遗传背景相同，减少了个体间差异对实验的干扰，它可以成为诊断、治疗肿瘤、免疫缺陷等疾病方法研究的理想的实验动物。

　　在人类追求健康、与疾病斗争的道路上，有太多的动物献出生命。没有对这些动物的实验和观察，人类就无法掌握医学规律，无法有效应对全人类的健康问题。一些综合类和医学类高校设立了动物慰灵碑，以祭奠为人类健康实验研究而献身的动物们。在武汉大学动物实验中心一隅，就树立着一块巨大的石碑，上面刻有"慰灵碑"三个大字，旁边刻有"献给为人类健康而献身的实验动物"的金色大字，这是为 SARS 疫情期间为研究献身的 38 只恒河猴而立的。这不仅是一块石碑，更是对生命平等的呼唤，呼吁全社会要善待生命、珍爱大自然。

图 5-26　尊重生命，爱护动物

链接

世界实验动物日

每年的 4 月 24 日是世界实验动物日，前后一周则被称为"实验动物周"，这是在 1979 年由英国反活体解剖协会发起、经联合国认定的实验动物保护节日，旨在倡导科学、人道地开展动物实验，铭记实验动物为人类健康事业所做出的巨大贡献。人类应尊重和善待实验动物，维护实验动物福利和伦理，遵循 3R 原则——替代（Replacement）、减少（Reduction）和优化（Refinement），规范、合理地使用实验动物。

尽管动物相对人类来说是弱者，但人类却没有对它们肆意生杀予夺的权力。只有抱持对生命的无限敬重，人类与自然才能更和谐地相处。